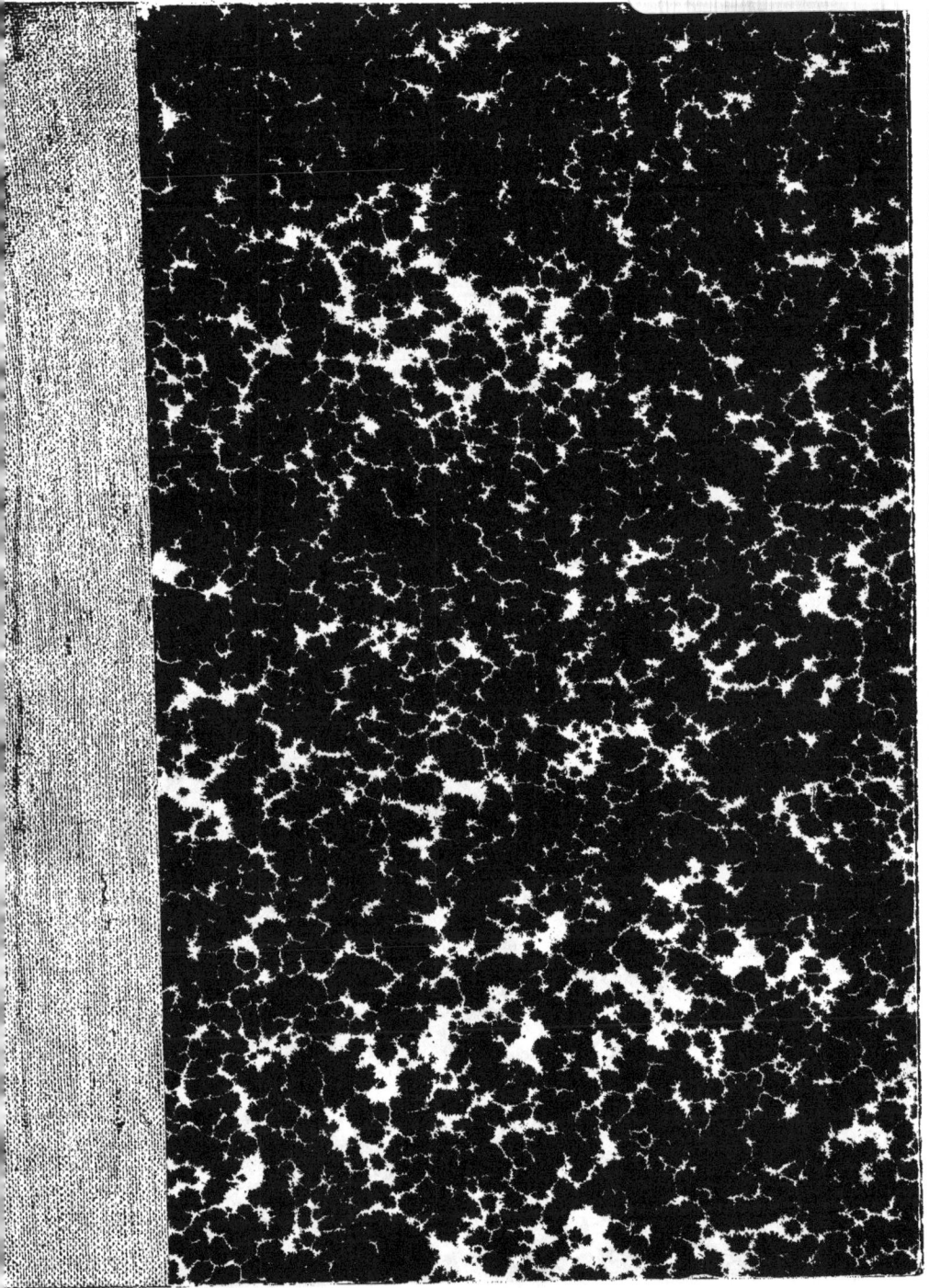

I0040246

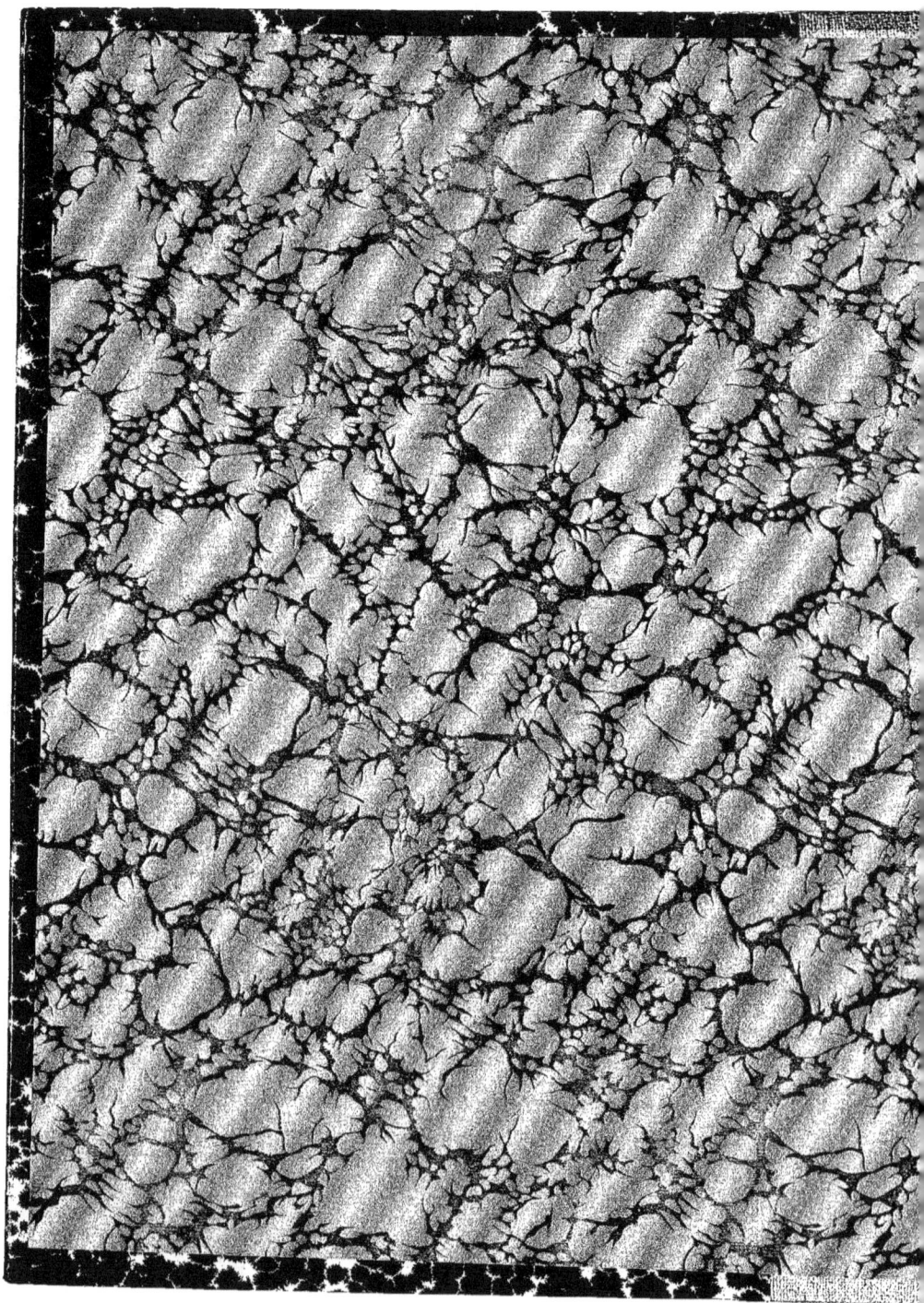

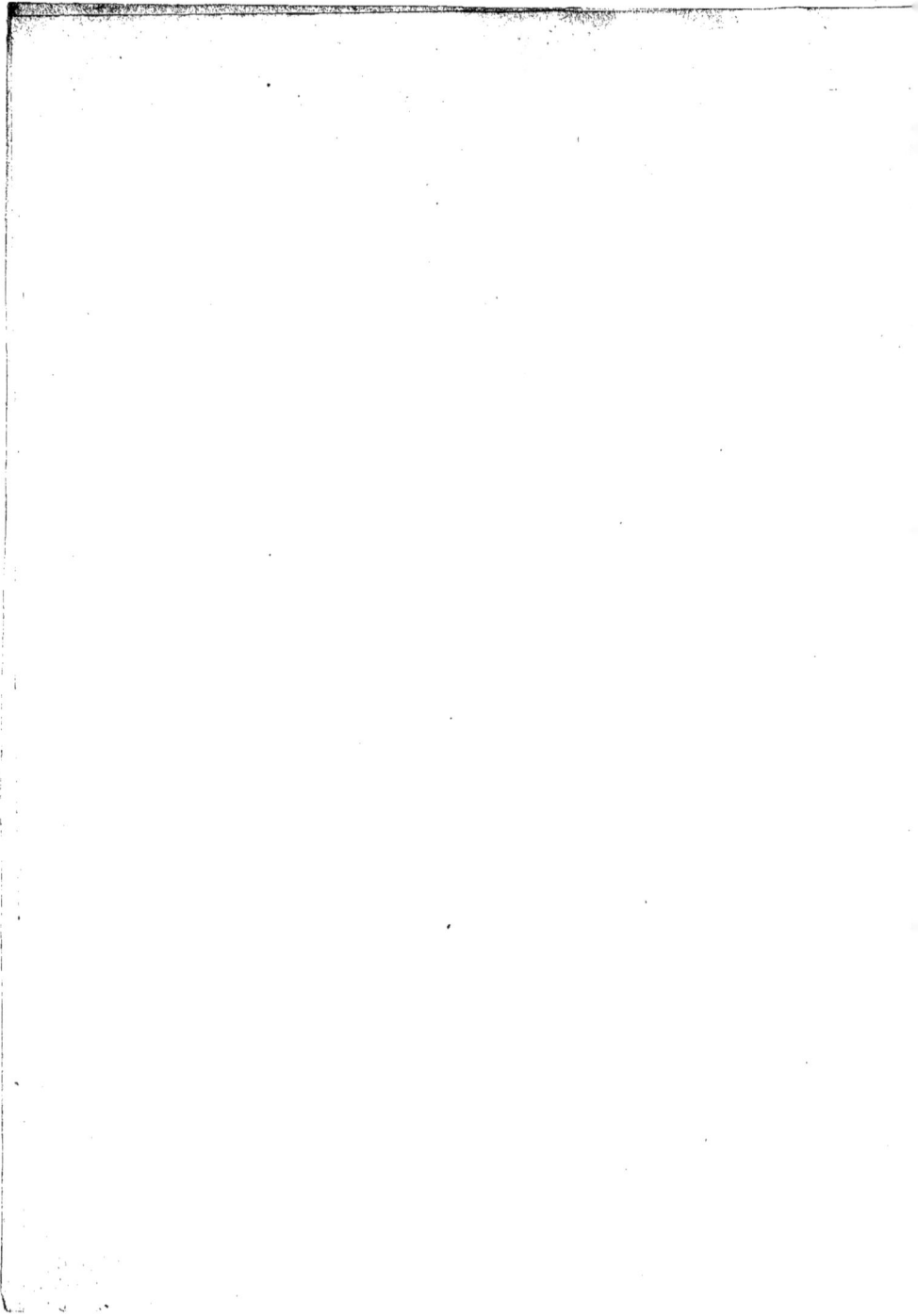

COMMISSION DU SERVICE GÉOLOGIQUE DU PORTUGAL

MOLLUSQUES TERTIAIRES DU PORTUGAL

PLANCHES

DE

CÉPHALOPODES, GASTÉROPODES ET PÉLÉCYPODES

LAISSÉES PAR

F. A. PEREIRA DA COSTA

ACCOMPAGNÉES D'UNE EXPLICATION SOMMAIRE ET D'UNE ESQUISSE GÉOLOGIQUE

PAR

G. F. DOLLFUS, J. C. BERKELEY COTTER et J. P. GOMES

LISBONNE

IMPRIMERIE DE L'ACADÉMIE ROYALE DES SCIENCES

1903-1904

OUVRAGES PUBLIÉS

PAR LA

COMMISSION DU SERVICE GÉOLOGIQUE DU PORTUGAL

MÉMOIRES

GÉOLOGIE APPLIQUÉE

Estudos geologicos:—Memoria sobre o abastecimento de Lisboa com aguas de nascente e aguas de rio, por Carlos Ribeiro. 4°, 115 pag. Lisboa, 1867. Épuisé.

Étude géologique du tunnel du Rocio, contribution à la connaissance du sous-sol de Lisbonne, par Paul Choffat. Avec un article paléontologique par J. C. Berkeley Cotter et un article zoologique par Albert Girard. 4°, 106 pag., 7 pl. Lisbonne, 1889.

FLORE FOSSILE

Flora fossil do terreno carbonifero das visinhanças do Pórto, Serra do Bussaco e Moinho d'Ordem proximo a Alcacer do Sal (Flore fossile du terrain carbonifère des environs du Porto, Serra de Bussaco et Moinho d'Ordem près d'Alcacer do Sal), por Bernardino Antonio Gomes. 4°, 44 pag., 6 est. Lisboa, 1865. (Avec traduction en français).

Contributions à la Flore fossile du Portugal, par Oswald Heer. 4°, 47 pag., 29 pl. Lisbonne, 1881.

Monographia do genero Dioranophyllum (Systema carbonico), por Wenceslau de Lima. 4.°, 14 pag., 3 est. Lisboa, 1888. (Avec traduction en français).

Nouvelles contributions à la Flore mésozoïque, par le marquis de Saporta, accompagnées d'une Notice stratigraphique, par Paul Choffat. 4°, 288 p., 40 pl. Lisbonne, 1894.

VERTÉBRÉS FOSSILES

Contributions à l'étude des Poissons et des Reptiles du Jurassique et du Crétacique, par H. E. Sauvage. 4°, 48 pag., 10 pl. Lisbonne, 1897-98.

PALÉOZOÏQUE

Terrenos paleozoicos de Portugal.—Sobre a existencia do terreno siluriano no Baixo-Alemtejo (Sur l'existence du terrain silurien dans le Baixo-Alemtejo), por J. F. N. Delgado. 4°, 35 pag., 2 est., 1 carta. Lisboa, 1870. (Avec traduction en français). Épuisé.

Estudo sobre os Bilobites e outros fosseis das quartzites da base do systema silurico de Portugal. (Étude sur les Bilobites et autres fossiles des quartzites de la base du Système silurique du Portugal), por J. F. N. Delgado. 4°, 111 pag., 43 estampas, sendo 3 de formato duplo. Lisboa, 1885. (Avec traduction en français).

——Supplemento. (Supplément) por J. F. N. Delgado. 4°, 75 pag., 12 estampas, sendo 2 de maior formato. Lisboa, 1888. (Avec traduction en français).

Fauna silurica de Portugal.—Descripção de uma fórma nova de Trilobite, Lichas (Uralichas) Ribeiroi, por J. F. N. Delgado. 4.°, 31 pag., 6 est. Lisboa, 1892. (Avec traduction en français).

——Novas observações ácerca de Lichas (Uralichas) Ribeiroi, por J. F. N. Delgado. 4.°, 34 pag., 4 est. Lisboa, 1897. (Avec traduction en français).

JURASSIQUE

Étude stratigraphique et paléontologique des terrains jurassiques du Portugal, par Paul Choffat. 1ère liv. Le Lias et le Dogger au Nord du Tage. 4°, 72 pag. Lisbonne, 1880.

Description de la Faune jurassique du Portugal.

——Céphalopodes, par P. Choffat. 1re sér., Ammonites du Lusitanien de la contrée de Torres-Vedras. 4°, 82 pag., 20 pl., 1893.

——Mollusques Lamellibranches, par Paul Choffat. Premier ordre, Siphonida. 1ère livraison. 4.°, 39 pag., 9 pl. 1893.

——Deuxième ordre, Asiphonida. 1ère livraison. 4°, 36 pag., 10 pl. Lisbonne, 1885.—2e livraison, 40 pag., 10 pl., 1888.

——Échinodermes, par P. de Loriol. 4°, 179 pag., 29 pl. Lisbonne, 1890-1891.

243

MOLLUSQUES TERTIAIRES DU PORTUGAL

4° S
2562

COMMISSION DU SERVICE GÉOLOGIQUE DU PORTUGAL

MOLLUSQUES TERTIAIRES DU PORTUGAL

PLANCHES

DE

CÉPHALOPODES, GASTÉROPODES ET PÉLÉCYPODES

LAISSÉES PAR

F. A. PEREIRA DA COSTA

ACCOMPAGNÉES D'UNE EXPLICATION SOMMAIRE ET D'UNE ESQUISSE GÉOLOGIQUE

PAR

G. F. DOLLFUS, J. C. BERKELEY COTTER et J. P. GOMES

LISBONNE

IMPRIMERIE DE L'ACADÉMIE ROYALE DES SCIENCES

1903-1904

L'Explication des planches a été imprimée en 1903 et la
Notice stratigraphique en 1904.
Les planches de fossiles sont au nombre de 28.
Les pl. III, V et VI des Pélécypodes n'existent pas.

AVANT-PROPOS

On verra par la notice biographique publiée plus loin que Pereira da Costa avait renoncé, bien avant sa mort, à terminer la belle monographie des mollusques fossiles du Portugal qu'il avait entreprise et dont deux fascicules avaient été publiés.

En outre de ces deux fascicules il avait fait préparer 28 autres planches de Céphalopodes, de Gastéropodes et de Pélécypodes tirées chacune à 700 ou 800 exemplaires et qui furent déposées à la bibliothèque de la Section minéralogique du Musée National, où se trouvent les collections qu'il avait étudiées. Mais aucun texte imprimé ou manuscrit, aucune explication applicable à ce document, ne fût malheureusement trouvé dans ses papiers après son décès.

Cependant à plusieurs reprises le personnel de la Section minéralogique et des membres du Service géologique du Portugal manifestèrent le désir de voir publier ces planches, et Mr. Ferreira Roquette, directeur du Musée, déférant à leur demande, en fit remise au Service géologique.

Mr. Gustave F. Dollfus, paléontologue français, qui s'occupe spécialement des terrains tertiaires supérieurs, ayant eu entre les mains une collection de ces planches inédites, s'offrit spontanément à en rédiger une explication sommaire. Il demanda à Mr. Berkeley Cotter, chargé de l'étude des terrains tertiaires au Service géologique, de vouloir bien l'aider dans la détermination de la partie stratigraphique des divers horizons fossilifères et de donner une esquisse du Miocène portugais, et à Mr. J. Pedro Gomes, naturaliste au Musée, de vouloir bien rechercher les documents laissés par Pereira da Costa et de rédiger une notice sur ses travaux, réclamant à tous deux leur aide pour découvrir dans les collections, dans la limite du possible, les échantillons originaux ou des specimens pouvant les remplacer.

Les propositions de Mr. Dollfus furent acceptées avec empressement par la Commission consultative du Service géologique dans sa séance du 12 mars 1902, et tous les renseignements et échantillons désirables lui furent envoyés, de telle sorte que le texte explicatif doit être considéré comme une œuvre commune.

Les deux fascicules de Pereira da Costa et les 28 planches nouvelles sont loin de représenter toute la faune du miocène marin du Portugal; bien des découvertes ont été faites depuis 1866-1867, dates d'apparition de ces deux fascicules, et de plus la série nouvelle présente
encore beaucoup de lacunes; parmi les Pélécypodes, il manque les planches III, V et VI qui
n'ont jamais été dessinées, et il manque également les planches devant faire suite à la XXII°,
qui devaient représenter les Pélécypodes monomyaires et heteromyaires; en outre, bien des
genres sont incomplets, quelques-uns ne sont pas représentés du tout. Néanmoins, telles qu'elles
sont, ces vingt-huit planches sont fort intéressantes, elles figurent beaucoup d'espèces souvent
mal connues, soit mal représentées jusqu'ici, soit même entièrement nouvelles, et elles suggè-
rent des commentaires importants qui leur assurent une bonne place dans la littérature paléontologique; elles préparent le terrain pour quelque catalogue plus complet, pour quelque publi-
cation ultérieure faisant connaître en son entier la riche faune tertiaire néogène du Portugal.

Lisbonne, juin 1903.

J. F. Nery Delgado

Francisco Antonio Pardo Delgado

NOTICE BIOGRAPHIQUE

SUR

FRANCISCO ANTONIO PEREIRA DA COSTA

———

Pereira da Costa naquit à Lisbonne, le 11 octobre 1809, et y mourut le 3 mai 1889. Fils d'un pharmacien peu fortuné, il réussit, grace à une intelligence précoce et à une grande application, à se faire matriculer à 16 ans à la faculté de médecine de l'Université de Coimbre.

Les évènements politiques de 1828 vinrent interrompre ses études: il fut rayé des cadres de l'Université, ainsi que beaucoup de ses condisciples, pour avoir embrassé la cause libérale, et s'être enrôlé dans le bataillon académique.

Ce fut pour lui le commencement d'une période pénible. Son père, qui avait émigré, mourut à l'étranger, et pour se soutenir ainsi que sa mère, Pereira da Costa dût diriger la pharmacie paternelle, mais les persécutions politiques l'obligèrent à la fermer.

Enfin, l'année 1833 amena le triomphe de la cause libérale et il obtint du gouvernement un subside mensuel de 14:000 réis (77 francs) avec lequel il put subvenir à la subsistance de sa mère tout en terminant ses études à l'Université de Coimbre, où il obtint avec distinction le titre de bachelier en médecine.

Lors de la fondation de l'École polytechnique de Lisbonne, en 1837, Pereira da Costa, qui se sentait plus de vocation pour l'étude des sciences naturelles que pour l'exercice de la médecine, concourut avec succès à la chaire de minéralogie et de géologie, mais sa nomination comme professeur traina jusqu'en 1840, pour des motifs politiques, étrangers à sa personne.

Une ère de prospérité commença alors pour Pereira da Costa, dont le caractère sédentaire et travailleur se plaisait à remplir le programme de sa chaire et à employer le reste de son temps à l'étude de la minéralogie et de la paléontologie, et à la coordination du matériel d'enseignement dont il disposait.

En 1843 un incendie détruisit l'édifice du «Collège des Nobles», où l'École polytechnique était installée. Pendant la construction du nouveau bâtiment, Pereira da Costa fit son cours, d'abord dans une petite maison louée près de l'École, et plus tard dans l'ancien couvent des Jésuites, où est installée l'Académie Royale des sciences, qui à cette époque avait le Musée d'Histoire naturelle sous sa dépendance.

Les matériaux de ce Musée provenaient en majeure partie des collections royales d'Ajuda, et consistaient surtout en produits de nos colonies, y compris le Brésil, envoyés au roi par les intendants, auxquels se joignaient des objets offerts à l'Académie par quelques amis des sciences.

Ces collections étaient dans le plus grand désordre, beaucoup d'étiquettes de provenance avaient été changées ou perdues lors du transfert des collections du palais du roi à l'Académie, et une grande partie manquaient de déterminations.

Pereira da Costa s'occupa de la classification des produits minéraux, les sauvant ainsi d'une ruine complète, et s'occupa en outre de la classification des mollusques récents de la collection du roi D. Pedro V.

En reconnaissance de ces services, il fut élu membre effectif de l'Académie, et chargé de la chaire d'«Introduction aux sciences naturelles», fondée par un legs du père Mayne à l'Académie.

Il eut en outre à régir pendant quelques années la chaire de zoologie de l'École polytechnique, pendant une maladie de son collègue et ami, le Dr. Xavier d'Almeida.

Ses connaissances en minéralogie le firent nommer membre du Conseil des mines, lors de sa création comme dépendance du Ministère des travaux publics, en 1853.

En 1857 on institua la Commission géologique, ayant pour but l'étude de la géologie du pays et l'élaboration de la carte géologique. Les organisateurs, comprenant la nécessité absolue des connaissances biologiques dans un établissement de ce genre, nommèrent deux directeurs, Carlos Ribeiro, pour les travaux sur le terrain, et Pereira da Costa pour les études paléontologiques et l'organisation des collections.

Ce fut en cette qualité que Pereira da Costa se décida à publier ses recherches sur les fossiles tertiaires du Portugal, en prenant comme modèle le bel ouvrage de Hoernes sur les fossiles miocènes du bassin de Vienne, qui ont tant de rapports avec les nôtres, et en utilisant l'étude de ces derniers faite par l'adjoint de la Commission géologique Mr. Nery Delgado.

Il ne parut que deux fascicules, portant le titre: *Molluscos fosseis.— Gasteropodes do terreno terciario de Portugal* et les dates de 1866 et 1867. Le texte portugais est accompagné d'une traduction en français. Ce travail reçut d'ailleurs le meilleur accueil de tous les paléontologues européens et les encouragements lui parvinrent de toutes parts.

Lors de la dissolution de la Commission géologique, survenue en février de 1868, il se trouvait avoir été tiré un bon nombre de planches de Gastéropodes et de Lamellibranches, destinées aux fascicules suivants.

Pereira da Costa y travailla encore après 1867, mais on ne sait pas au juste à quelle date il suspendit ce travail, pour lequel il recevait un subside spécial.

Après sa mort on espérait rencontrer tant chez lui, qu'au Musée, la description des fossiles déjà représentés, ou au moins des notes les concernant, mais toutes les recherches furent vaines.

Il semble que les descriptions ont dû exister, en partie du moins, mais que Pereira da Costa les a personnellement détruites. On n'a rencontré que quelques notes paléontologiques, isolées et incomplètes, des listes de fossiles par localités, et des ébauches de listes générales. Ces listes ont été en partie utilisées par Mr. Bonança, pour dresser une liste générale des espèces, publiée dans son *Historia da Lusitania et da Iberia.*

Après la dissolution de la Commission géologique, Pereira da Costa réassuma ses charges à l'École polytechnique. Un décret de 1858 avait réuni toutes les collections de produits naturels du Musée de l'Académie à celles de l'École, sous la dénomination de Musée National de Lisbonne, avec deux sections; minéralogie et zoologie; plus tard on a créé une troisième section, celle de botanique. Pereira da Costa, nommé directeur de la première section, mit tous ses soins à la disposition des belles collections minéralogiques, pétrographiques et paléontologiques exposées dans les vastes salles du rez-de-chaussée, ainsi qu'à leur augmentation successive, par achats.

Il remplit jusqu'à sa mort les fonctions de directeur des collections, tandis qu'il se retira de l'enseignement en 1887, après avoir exercé pendant 35 années comme professeur et pendant 11 années comme co-directeur de la Commission géologique.

En sa qualité de doyen, il assuma à trois reprises la direction intérimaire de l'École polytechnique.

Pereira da Costa n'a pas eu de maître de paléontologie, puisqu'il n'y en avait pas en Portugal à l'époque où il faisait ses études. Il devait toutes ses connaissances dans cette branche à l'excellente base d'instruction générale qu'il possédait, comprenant les langues latine, grecque, anglaise et française, et surtout à son étude approfondie de la zoologie, à son grand amour de l'étude et à son assiduité au travail.

Les charges dont il a été question plus haut constituent ses meilleurs titres, mais il avait en plus le titre de docteur *honoris causa* de l'Université de Ratisbonne et la croix de commandeur de l'Ordre du Christ qui lui avait été remise personnellement par son auguste élève le regretté roi D. Pedro V.

PUBLICATIONS DE PEREIRA DA COSTA

Da existencia do homem em epochas remotas no valle do Tejo.—*Noticia sobre os esqueletes humanos descobertos no Cabeço da Arruda.* In-4.º, 40 pag., 7 est. Lisboa, 1865. (Avec traduction française en regard.)

Molluscos fosseis.—*Gasteropodes dos depositos terciarios de Portugal.* In-4.º, 252 pag., 28 est. Lisboa, 1866–1867. (Avec traduction française en regard.)

——— 28 planches sans texte se rapportant aux fossiles miocènes.

Monumentos prehistoricos.—*Descripção de alguns dolmins ou antas de Portugal.* In-4.º, 97 pag., 3 est. Lisboa, 1868. (Avec traduction française en regard.)

Noticia de alguns martellos de pedra, e outros objectos, que foram descobertos em trabalhos antigos da mina de cobre de Ruy Gomes no Alemtejo (Jorn. de sc. math. phys. e nat., t. II, 1868, p. 75–79; 1 est.).

19 planches sans texte se rapportant au préhistorique.

Cours de minéralogie professé à l'École polytechnique (feuilles autolithographiées).

Cours élémentaire de sciences naturelles à l'usage des élèves de l'Institut Maynense (feuilles autolithographiées).

. J. P. GOMES

B

ESQUISSE DU MIOCÈNE MARIN PORTUGAIS

Il a semblé utile de faire précéder ce travail de paléontologie par une esquisse du Miocène marin du Portugal pour lui servir d'introduction, aussi bien qu'aux deux fascicules publiés en 1886 et 1887.

Il y a trois régions où le Miocène marin peut être observé avec plus ou moins de détails: la partie inférieure du bassin du Tage, la région d'Arrabida et du Sado et l'Algarve. Nous les examinerons successivement en donnant les indications nécessaires sur les terrains encaissants, appartenant à la même ère géologique.

Cette notice contient le premier essai de classification systématique du Tertiaire marin inférieur et moyen du Portugal, en ayant surtout en vue les couches qui se montrent à Lisbonne et ses environs, contrée où les strates inférieures du Néogène sont le mieux représentées.

TERTIAIRE DU BASSIN DU TAGE

(Rive droite)

NAPPE BASALTIQUE

La nappe basaltique joue un rôle important dans la constitution et dans l'orographie du sol de Lisbonne et de ses environs, tant par sa puissance que par son étendue. Elle est entourée par une ceinture presque continue de calcaire appartenant au toit du Cénomanien et au Turonien (c^3 de la Carte géologique [1]), formant une ligne sinueuse commençant à la tour de S. Julião à l'embouchure du Tage et Oeiras et se dirigeant tantôt au Nord, tantôt au N. E. ou au N. O., puis enfin vers l'Est, pour se terminer près d'Alverca, à 20 kilomètres en amont de Lisbonne.

---

[1] J. F. Nery Delgado et Paul Choffat. Échelle $1/400000$. Lisbonne, 1899.

1

Un des principaux affleurements, situé entre Almargem à l'Ouest et Vialonga à l'Est a près de 20 kilomètres de largeur, et un autre, le plus méridional, qui est orienté de la même façon et situé entre le ruisseau de Lage et celui d'Alcantara, a environ 14 kilomètres, le maximum d'altitude étant 231 mètres à Monte Abrão à l'Ouest de la rivière de Cruz-Quebrada. Cette cote est du reste dépassée de plus de 100 mètres dans d'autres sommets de terrains éruptifs compris dans le premier de ces lambeaux.

Cette formation se présente en filons, en dykes et en nappes; l'épaisseur de cette dernière dépasse 200 mètres sur quelques points, s'abaissant sur d'autres à moins de un mètre.

A l'Ouest de Lisbonne et même dans la partie occidentale de cette ville, on peut observer aussi du basalte stratifié à la manière des couches sédimentaires, où l'on trouve, comme par exemple à Carnaxide, à Vallejas, à Ajuda, à S. Domingos de Bemfica, etc., des marnes rougeâtres et couleur lie de vin, très fossilifères par places, dans lesquelles Carlos Ribeiro découvrit, il y a 28 ans, des restes d'une faunule de mollusques terrestres. Malheureusement ces débris n'ont pas pu servir à la détermination de l'âge précis des strates qui les contiennent et il est peu probable que l'on parvienne à découvrir des formes plus caractéristiques, vu l'étendue et la persistance des recherches effectuées. [1]

Pour le moment on doit se borner à indiquer que les marnes basaltiques du voisinage de Lisbonne se trouvent au dessous du conglomérat oligocènique de Bemfica, sans préciser leur synchronisme exact. Les fossiles recueillis jusqu'à ce jour sont:

Bulimus (Plecocheilus?) Ribeiroi Tournouër.

Bulimus olisiponensis Tournouër.

Pupa? Tournoueri Cotter (*Pupa lusitanica* (Tournouër).

Buliminus carnaxidensis Cotter.

En outre des affleurements mentionnés, le basalte se présente au N. E. de Cintra et à S. S. E. de Mafra en lambeaux de plus ou moins d'étendue et il se montre aussi à Runa, au Nord de Rio Maior, etc.

D'après Mr. Choffat, la nappe basaltique se retrouve à Nazareth, sur le pourtour du plateau de Coz, près de Maceira, au Nord de Leiria et de Souto à Beixouca, mais avec un caractère absolument différent: «C'est un conglomérat de cailloux calcaires et de quartzites, liés par une marne rouge qui parfois prend entièrement le dessus. A Nazareth et près de Coz, on trouve, au milieu de ces marnes, des amas de basalte compact ou de tuf basaltique, mais ces roches y sont en faible quantité. La présence de fossiles identiques à ceux de Lisbonne m'a démontré que ces conglomérats appartiennent bien à la nappe basaltique, quoique présentant un facies différent. [2]»

CONGLOMÉRAT DE BEMFICA

Le basalte est recouvert aux alentours de Lisbonne par les couches de Bemfica, qui commencent tout près de cette ville par des conglomérats à pâte argilo-calcaire avec cailloux de diverses roches, tels que: silex, quartzite, schiste, calcaire et basalte; par des argiles et des grès avec du kaolin en petites proportions et par des sables grossiers ou des graviers, les couleurs prédominantes étant le rouge lie de vin, le rose, le blanc et le gris.

Dans certaines couches les cailloux sont entièrement d'origine paléozoïque, comme l'a observé Mr. Choffat, dans d'autres ils sont mélangés de cailloux de calcaires jurassiques et crétaciques, en gé-

---

[1] Voyez Berkeley Cotter. *Sur les mollusques terrestres de la nappe basaltique de Lisbonne.* (Communicações, t. v, Lisbonne, 1900–1901.)

[2] *Aperçu de la géologie du Portugal*, p. 32 in *Le Portugal au point de vue agricole*, ouvrage publié sous la direction de B. C. Cincinato da Costa et Don Luiz de Castro. Lisbonne, 1900.

néral subanguleux; on y trouve même des morceaux de schiste peu résistants, ce qui prouve que le transport a été relativement faible. (Op. cit., p. 36.)

Ces différents dépôts alternent entre eux à diverses reprises avec absence de bancs calcaires proprement dits, cette substance ne jouant tout près de la capitale qu'un rôle très subordonné dans cette formation, mais on peut l'observer à 5 ou 6 kilomètres au Nord de la ligne de ceinture, par exemple à Carriche, Senhor Roubado, Costas da Luz et sur les hauteurs plus à l'Ouest, intercalée entre les conglomérats et les grès, ou formant des crêtes bien prononcées.

Ces couches inférieures d'eau douce n'ont pas fourni de fossiles aux abords de la capitale et leur puissance est très variable. Nous l'avons estimée à 50 ou 60 mètres lors de l'ouverture de la ligne de ceinture, Carlos Ribeiro lui donne de 80 à 100 mètres[1]. Près Odivellas, au dessous de la ligne de retranchements et forts militaires on observe que l'épaisseur des conglomérats atteint ce dernier chiffre, si même elle ne la dépasse pas.

Le grand affleurement des environs de Lisbonne s'étend depuis les anciennes portes de Campolide par Bemfica, Odivellas, Loures, Friellas, Santo Antão do Tojal e Boca da Lapa au N. E. de Vialonga, et de là jusqu'à Alverca près du Tage, intercalé entre le Tertiaire marin au levant et le basalte au couchant. En outre de cet affleurement, les conglomérats se montrent aussi au Nord de la Serra de Cintra, se prolongeant avec quelques interruptions vers l'Est-Nord-Est jusqu'à Granja do Marquez, Cortegaça, et Quintanelas dont la plaine est traversée par la voie ferrée de Torres Vedras.

Plusieurs autres affleurements de cette formation fluvio-lacustre apparaissent au Nord et au Sud du Tage, mais nous nous dispensons de les citer, parcequ'ils n'offrent pas d'intérêt pour la question spéciale que nous examinons en ce moment.

MIOCÈNE MARIN

Nous groupons les assises I à VII du Miocène marin de Lisbonne dans les étages Burdigalien, Helvétien et Tortonien, selon l'ordre suivi dans le tableau de classification qui est joint à cette notice.

Il va de soi que les conglomérats de Bemfica sont considérés comme synchroniques de l'Oligocène, puisqu'ils se trouvent au dessous des strates les plus inférieures du Burdigalien.

Après ces explications, nous pouvons commencer notre esquisse par les dépôts marins de la rive droite du Tage, où la série se montre la plus complète.

BURDIGALIEN INFÉRIEUR

I. Argiles et molasse à *Venus Ribeiroi* de Prazeres.—Si en entrant dans le port de Lisbonne on contemple le magnifique spectacle qui se déroule devant les yeux, on voit du côté méridional une série de collines d'une centaine de mètres de hauteur, coupées abruptement vers le Tage, tandis que du côté du Nord, l'érosion a modelé des versants plus ou moins inclinés, présentant un terrain plus favorable au développement de la belle métropole lusitanienne.

Dès son entrée dans l'estuaire du Tage l'observateur voit à sa gauche au dessus des roches crétaciques et basaltiques d'Oeiras, Paço d'Arcos, Caxias, Linda a Pastora, Algès et Ajuda, des témoins du Miocène marin le plus inférieur, ménagés par la dénudation aux lieux dits: Terrugem, Alto de Caxias et Gibalta, Boa Viagem, Santa Catharina, Maruja et Alto do Duque. Ensuite, après avoir

---

[1] *Des formations tertiaires du Portugal* (Compte-rendu du Congrès international de Géologie, tenu à Paris en 1878).

dépassé le val d'Alcantara, il se trouvera en face de la ville proprement dite et il verra encore les plus anciennes couches du Miocène marin, reposant soit sur le basalte, soit sur le Crétacique.

Ces couches appartiennent à l'assise I qui comprend une bonne partie de la ville depuis le flanc gauche du val d'Alcantara jusqu'au quartier d'Estephania au centre de Lisbonne. C'est une longueur de 3.500 mètres en suivant l'axe moyen du massif tertiaire de O. S. O. à E. N. E., et dans le sens transversal une succession interrompue commençant au bord du Tage, à l'Ouest de la basse ville, et s'avançant jusqu'à la route militaire à 7 kilomètres plus au Nord.

Vu son étendue l'assise I doit donc être considérée comme la plus importante du sol de Lisbonne, même en ne mettant pas en ligne de compte les *outliers* dont il a été question plus haut, qui se montrent sur une longueur de près de 10 kilomètres à l'Ouest des barrières de la ville, occupant un espace relativement considérable de la banlieue.

Dans cette assise on peut observer de bas en haut les zones suivantes dont les épaisseurs sont très variables, mais dont l'ensemble a une puissance maxima de 35 mètres.

1° Marnes et grès avec *Achelous Delgadoi.*
2° Calcaire marneux (1er niveau de *Venus Ribeiroi*).
3° Argiles et marnes en général noirâtres ou verdâtres avec *Ostrea granensis*, des *Turritelles* de grande et de petite taille, et des restes de végétaux (c'est la plus puissante des cinq zones).
4° Marno-calcaires (2e niveau de *Venus Ribeiroi*).
5° Argiles verdâtres avec débris de Vertébrés terrestres, *Ostrea aginensis, Lithodomus* et grands polypiers.

Les dépôts vaseux et les calcaires marneux sont les éléments prédominants dans cette première division de notre Miocène, accusant une origine littorale ou d'estuaire, ce qui du reste est le cas pour tout le Tertiaire de Lisbonne.

A côté de types de mollusques et de polypiers caractéristiques du Miocène le plus ancien, voir même de l'Aquitanien, comme *Pyrula Lainei, Cerithium margaritaceum, Lucina incrassata, Arca cardiiformis, Ostrea aginensis, Heliastrea Ellisiana*, etc., nous y rencontrons de nombreuses formes caractéristiques du Burdigalien, ce qui porte à croire, que l'on devrait considérer deux grandes divisions dans le Tertiaire de Lisbonne: l'une Paléogène représentée par la faunule basaltique et les conglomérats fluvio-lacustres de Bemfica, l'autre Neogène comprenant toute la série fossilifère marine depuis sa base (couches de Prazeres), jusqu'au toit du Tortonien (couches de Cabo Ruivo), vu la persistance de certaines formes dans les dépôts qui s'y sont succédés sans interruption jusqu'à ce dernier étage.

Parmi les nombreuses espèces passant de cette assise jusqu'aux étages supérieurs, nous nous bornerons à citer quelques unes des formes marines, catégorie fournissant les documents paléontologiques qui méritent le plus de confiance.

Cassis saburon Lam.
Murex brandaris Lam.
Pyrula Lainei Bast.
Cerithium lignitarum Eichw.
Protoma mutabilis Sow.
Turritella Desmaresti Bast.
» *terebralis* Bast.
» *terebralis* var. *gradata* Menke.
» *turris* Bast.
» *bicarinata* Eichw.
Solarium carocollatum Lam.

Lutraria sanna Bast.
» *oblonga* Chemn.
Corbula carinata Duj.
Tellina lacunosa Chemn.
Venus gigas Lam.
Venus islandicoides Lam.
» *multilamella* Lam.
Cytherea pedemontana Ag.
Cardium discrepans Bast.
Cardium latesulcatum Sow.
Chama gryphoides Lin.

Lucina incrassata Dub.
Arca turoniensis Duj.
Arca barbata Lin.
Mytilus aquitanicus Mayer.
Lithodomus avitensis Mayer.
Meleagrina phalaenacea Lam.
Pecten Tournali Serres.
» *burdigalensis* Lam.
» *Costae* Font.

Pecten olisiponensis Cotter.
» *pseudo-Pandorae* n. sp. var. *minor.*
Spondylus gaederopus Lin.
Ostrea aginensis Tourn.
» *crassicostata* Sow.
» *granensis* Font.
Schizaster Scillae Desor.
Heliastrae Reussana Edw. et Haime.

En outre des fossiles d'origine marine, la zone 5, qui est au sommet de notre assise I, contient des restes épars de mammifères terrestres,[1] os et dents appartenant aux: *Pseudaelurus Edwardsi, Anthracotherium* aff. *Valdense, Palaeocherus typus, Rhinoceros minutus* et *Rhinoceros* ou *Acerotherium.* Ils se trouvent à environ 8 mètres au dessous du toit, dans les couches d'argile ou de grès fins argileux, à l'Est de l'abattoir (Matadouro).

Tous ces débris de vertébrés ont probablement échoué sur des bancs de sable ou de vase qui les ont retenus lorsqu'ils étaient entraînés par les courants qui les charriaient.

La présence de vertébrés et de mollusques aquitaniens m'avait porté à classer ces strates dans l'Aquitanien, interprétation admise dans l'Explication sommaire des planches et auparavant dans ma note: *Sur les mollusques terrestres de la nappe basaltique de Lisbonne;*[2] néanmoins je me range aujourd'hui à l'avis de mon savant collaborateur Mr. G. Dollfus qui, se basant sur l'ensemble de la faune testacée, la considère comme appartenant au Burdigalien le plus inférieur.

A diverses hauteurs de la Molasse à *Venus Ribeiroi,* on trouve dans les bancs argileux des lits avec empreintes de plantes terrestres, et dans d'autres, des matières charbonneuses et des cristaux de gypse. D'après Saporta, la principale empreinte ne serait autre que le *Skimmia Œdipus* Heer, une autre concorde avec *Celastrus Ribeiroanus* Heer, et il croyait que la physionomie de l'ensemble ramenerait l'esprit vers le Miocène, peut être le Miocène inférieur, car il ne retrouvait pas les formes ni l'aspect de l'Oligocène proprement dit.[3]

On doit observer que les couches d'où proviennent les empreintes ne sont séparées du basalte que par une épaisseur de 6 à 7 mètres, c'est-à-dire qu'elles se trouvent tout près de la base de l'assise I, et qu'elles sont identiques à celles du Burdigalien de Campo Grande (assise IV[b]).

Les couches argileuses à *Venus Ribeiroi* donnent lieu à une exploitation active pour la fabrication de divers produits céramiques. Dans la 1ʳᵉ zone on rencontre une marne compacte gris claire, à fracture conchoïdale de 1 à 2 mètres d'épaisseur, contenant des rares débris de fossiles; dans l'industrie on l'a nommée *barro branco.* Son exploitation a été très importante à Prazeres; on l'extrait aujourd'hui d'un banc épais en profitant des travaux pour le déblayement du parc Edouard VII tout près de l'Avenue de la Liberté.

Entre l'abattoir et le quartier Estephania on exploite aussi d'autres argiles. On envoie le *barro branco* aux fabriques de Porto et on l'utilise aussi à Lisbonne mêlé avec d'autres matériaux de la même nature, où il entre dans la pâte de la faïence.

Le premier banc de molasse donne aussi un bon moellon, et les grès grossiers qui sont au dessous sont utilisés pour l'entretien des routes, des squares, etc.

[1] Obligeamment déterminés: le premier par Mr. Boule et les autres par Mr. Depéret.
[2] Vid. *Communicações,* t. IV, p. 127. 1900-1901.
[3] Voir P. Choffat: *Tunnel du Rocio,* p. 60. Lisbonne, 1889.

BURDIGALIEN MOYEN

II. **Sables fins (areolas) à** *Pecten pseudo-Pandorae* **de l'Avenida Estephania.**—Le deuxième terme stratigraphique de notre Miocène marin est bien représenté à Lisbonne, par exemple aux quartiers Estephania, Linhares et Camões.

Les tranchées et les coupes pour l'établissement dans ces nouveaux quartiers, de voies de communication et d'autres travaux publics nous ont montré les strates d'argile et de molasse à *Venus Ribeiroi* recouvertes par des sables micacés fins (areolas) de couleurs vives, qui sur d'autres points au Nord et au Sud de Lisbonne ont un facies plutôt molassique, quoique toujours sableux, mais moins friable qu'au centre de la ville.

Cette assise peut être divisée en trois zones:

1º Sables de couleurs claires et grès argileux avec débris de vertébrés, mollusques marins, restes et impressions de végétaux.

2º Areolas proprement dites (sables fins micacés, de couleurs vives, avec *Pecten pseudo-Pandorae* et grandes huîtres).

3º Grès calcaires avec fossiles spathiques, principalement des Turritelles et des quartzites roulés.

La première zone n'est pas très fossilifère à Lisbonne; jusqu'à près de la moité de son épaisseur, on voit des sables jaunes et gris clair et des lits minces de grès fins, argileux, avec des impressions de végétaux peu distincts, petits moules de Turritelles et valves isolées appartenant à *Ostrea frondosa* et *O. aginensis*.

Au dessus de ce complexe se trouve une couche solide de calcaire arénacé à ciment silico-calcaire, à taches brunâtres et noirâtres dues à l'oxyde de fer et de manganèse et contenant: *Turritella Desmaresti, T. turris, T. bicarinata, Arca barbata, Meleagrina phalaenacea* (abondant), *Pecten Tournali, P. pseudo-Pandorae* (var. *minor*), *Spondylus gaederopus, Ostrea aginensis, Anomia ephippium*, moules indéterminables d'autres mollusques, *Scutella* et *Amphiope* et fragments de *Polypiers;* au dessus on observe une argile charbonneuse avec des fragments de carapaces de tortues. Le tout est couronné par une couche de molasse arénacée avec des Pleurotomes et de petites Turritelles. On a recueilli dans cette zone une grosse dent de crocodile.

La deuxième zone consiste presque exclusivement en sables fins, micacés, plus ou moins incohérants, en partie concrétionnés et contenant *Pecten pseudo-Pandorae* (var. *major*) et *Ostrea aginensis*.

Enfin la troisième zone est formée par des sables plus ou moins agglutinés, contenant de nombreux exemplaires souvent spathiques de *Turritella terebralis, T. terebralis* var. *gradata, T. Crossei, T. turris, T. Demaresti, Protoma mutabilis, P. proto* et autres formes des mêmes genres, *Vermetus arenarius* et *V. gigas, Ostrea aginensis, Pecten pseudo-Pandorae* variétés *major* et *minor, P. scabrellus, P. varius, P. Tournali, P. expansus, P. tagicus*.

En plus de ces formes, dominant par leur nombre, on observe des exemplaires, tant avec test qu'à l'état de moules, appartenant aux genres: *Conus, Ancillaria, Cypraea, Voluta, Terebra, Cassis, Strombus, Murex, Pyrula, Fasciolaria, Pleurotoma; Cerithum bidentatum, C. papaveraceum,* et *C. pictum, Solarium, Patella, Solen, Glycymeris, Lutraria, Mactra, Tellina, Tapes, Venus, Cytherea, Cardium, Lucina, Diplodonta, Pectunculus, Arca*.

On y rencontre souvent des ossements de Cétacés, des dents de poissons des genres *Phyllodus, Corax, Galeocerdo, Hemipristis, Oxyrhina*. Les échinides y sont représentés par *Scutella lusitanica*,

Amphiope palpebrata, Clypeaster olisiponensis, C. latirostris et *Echinolampas hemisphaericus. Venus Ribeiroi* n'atteint pas cette zone.

Ce deuxième terme du Miocène de Lisbonne, d'une épaisseur totale d'environ 25 mètres, est très caractéristique, principalement par sa zone supérieure, dont la variété et la richesse de faune marine constitue un excellent point de repère et forme transition à la faune franchement burdigalienne qui est déjà très sensible dans l'assise antérieure, ainsi que nous l'avons démontré plus haut.

Les sables à *P. pseudo-Pandorae* peuvent être observés le plus avantageusement sur quelques points des environs de la capitale, comme par exemple: à Boa Vista à l'Est de Ponte de Friellas, dans la route militaire, d'où ils s'étendent presque sans interruptions vers le N.N.E. jusqu'au delà de Povoa de Santa Iria, dans le versant qui domine la grande dépression de Friellas; entre Palma de Baixo et Palma de Cima, dans le chemin de Lumiar à Charneca, dans le chemin de Lisboa à Charneca près de la place de Leão, dans l'ancien chemin de Charca (avenue Dona Amelia), etc. A l'Ouest de Lisbonne près de S. Julião da Barra, à Cacilhas (rive gauche du ruisseau da Lage), et de l'autre côté du Tage vis-à-vis de Lisbonne, dont nous parlerons plus loin.

A 20 kilomètres au N.O. de Lisbonne entre Olela et Quintanelas sur la droite du chemin de fer de l'Ouest, se trouve un petit lambeau de molasse marine en contact avec le conglomérat de Bemfica et sur le niveau duquel nous ne pouvons encore nous prononcer définitivement. Il se peut qu'il soit synchronique des couches de Prazeres, ou plutôt qu'il appartienne déjà a cette seconde division de notre Burdigalien dont il vient d'être question.

III. Molasse calcaire d'Entre Campos, dite Banco Real.—La désignation de Banco Real, que nous empruntons aux carriers, nous sert a désigner le complexe de roches molassiques qui reposent immédiatement sur les Areolas de l'avenue Estephania. Nous avons eu l'occasion de les observer bien découvertes lors de la construction de la ligne de ceinture, et antérieurement nous les avons étudiés aussi bien en dedans qu'en dehors de la capitale, et sur l'autre rive du Tage depuis la plage d'Arialva à l'Ouest d'Almada jusqu'à Trafaria.

Ces couches, exploitées sur une grande échelle sur les deux rives du Tage, constituent le deuxième niveau de roche tendre utilisée comme moellon dans les constructions, le premier étant le banc principal de calcaire marneux à *Venus Ribeiroi,* presque à la base de l'assise I.

Les roches du Banco Real proprement dit sont presque exclusivement formées par des moules innombrables de mollusques gastéropodes et acéphales reliés par des éléments détritiques calcareo-marneux ou calcareo-siliceux, plus ou moins micacés et ferrugineux.

C'est le facies prédominant de l'assise III, qui a de 12 à 13 mètres de puissance à Lisbonne et dans ses environs. Cette assise peut être divisée en deux zones, l'inférieure étant constituée par la molasse du Banco Real proprement dit, et la supérieure par les lits de molasse moins compacte, qui établissent, de ce côté du Tage, un passage presque insensible à notre division IV (argiles et marnes à *Pereiraia Gervaisi* d'Areeiro).

Sa faune abondante, fort analogue à celle du Burdigalien de Léognan contient des ossements de *Delphinus,* des dents de *Sphaerodus, Corax, Galeocerdo, Phyllodus, Carcarodon, Lamna,* etc., mais sa presque totalité est formée par des moules et des impressions de mollusques appartenant principalement aux genres *Conus, Ancillaria, Cypraea, Voluta, Terebra, Buccinum, Dolium, Cassis, Cassidaria Pereiraia* (rares), *Murex* (abondants), *Pyrula, Fusus, Pleurotoma, Cerithium, Protoma, Turritella* (très abondants), *Xenephora, Vermetus, Sigaretus, Natica, Nerita, Bulla, Crepidula, Calyptraea, Clavagella, Solen, Glycymeris* (abondants), *Tugonia, Corbula, Thracia, Pholadomya, Lutraria, Mactra, Tellina, Tapes* (idem), *Venus* (idem), *Cytherea* (idem), *Cardium* (idem), *Chama, Lucina, Diplodonta* (idem), *Cardita, Pectunculus, Arca, Modiola, Mytilus, Lithodomus, Pinna* (idem), *Meleagrina* (idem), et coquilles de *Pecten, Spondylus, Ostrea, Anomia.* On y rencontre en outre quelques échinides: *Scutella subrotunda, Amphiope palpebrata, Echinolampas hemisphaericus* et des *Polypiers.*

Le Banco Real n'ayant qu'une faible épaisseur et étant activement exploité depuis des temps reculés pour les constructions de la ville, ce n'est pas par ce banc que l'on peut facilement reconnaître la présence de l'assise dans le périmètre de Lisbonne. Son affleurement le plus rapproché du Tage fut observé à la place de la Bibliothèque Publique, d'autres sur les flancs droit et gauche de la vallée du Rocio, de là il suit par la vallée dos Anjos jusqu'au Campo Pequeno; on le voit aussi à Entre Campos, Palma, Campo Grande, Telheiras, Carnide et Ameixoeira, d'où il suit jusqu'à Boa Vista, Appellação et Quinta do Roma. Sur la rive gauche de la rivière de Sacavem l'assise III affleure près de Casal de Covamas, en face d'Unhos, et sur le flanc gauche du val de Figueira, se terminant près du signal géodésique de Granja, 1200 mètres à l'Ouest de Santa Iria.

BURDIGALIEN SUPÉRIEUR

IV^a. Argiles bleues à *Pereiraia Gervaisi* d'Areeiro (= Forno do Tijolo).— Cette division est entièrement formée de couches d'argile et de grès ou de sables fins argilo-micacés de nuances foncées, avec intercalations de plaquettes compactes de marno-calcaires très fossilifères et de nuances en général plus claires, distribuées irrégulièrement dans toute la hauteur du complexe.

Par suite de la désagrégation des argiles et des sables, ces couches n'ont pas offert une grande résistance à la dénudation; elles ont été complètement enlevées sur certaines points et remplacées dans les dépressions par des dépôts alluviens. Ce n'est que sur les versants des collines de Lisbonne et de ses environs que l'on peut les observer, et même seulement d'un façon incomplète, à cause des constructions dans la ville et des cultures à la campagne. Par contre cet horizon est bien visible dans les falaises de l'autre rive du Tage, à Forno do Tijolo, Palença, Banatica, etc., où nous pouvons examiner et vérifier la parfaite identité de ces couches avec celles qui leur correspondent sur la rive droite du Tage.

Les couches à *Pereiraia Gervaisi* sont souvent très fossilifères, montrant un facies qui rappelle celui des grès fins argileux et argiles bleues de Xabregas (VI^a) à cause de la fréquence et de la distribution des *Pereiraia*, des *Lucines*, des *Venus* et des *Lutraria* dans les deux horizons. Beaucoup de fossiles s'y trouvent aussi avec le test. Entre les nombreuses formes que l'on peut recueillir dans l'horizon IV^a, on distingue *Pereiraia Gervaisi*, qui a été amplement décrit, et figuré pour la première fois par Pereira da Costa. Elle se rencontre aussi en Espagne, au Midi de la France, en Autriche-Hongrie et en Algérie.

Cette belle forme joue un rôle important par sa fréquence dans le Miocène de Lisbonne. Elle se présente d'abord en moules rares et de taille réduite dans le toit du Banco Real (III), puis elle est fréquente dans l'horizon dont nous traitons en ce moment (IV^a); ensuite on la voit au dessus des sables à Huîtres de Val-de-Chellas (V), puis à Xabregas (VI^a) et finalement dans le toit de l'assise de Marvilla (VI^c), où elle finit par disparaître. Elle n'a donc pas dans le Tertiaire de Lisbonne, une signification stratigraphique dont on puisse profiter pour la délimitation des assises, néanmoins je l'ai adoptée comme caractéristique de la formation vaseuse, où elle est fréquente pour la première fois. Malgré cette diffusion, les bons exemplaires avec test sont fort rares dans les collections; ceux figurés par Pereira da Costa proviennent de Margueira, rive gauche du Tage, dans les strates équivalentes à Xabregas (VI^a), par contre les moules sont très abondants. Les formes de *Protoma* et les *Turritella* sont aussi abondants et variées *P. Costae, P. rotifera* et variétés, *P. mutabilis, P. proto, T. Demaresti, T. terebralis* var. *sulcata, T. Crossei, T. subarchimedis*. On y trouve aussi des *Murex*, des *Pyrula; Buccinum duplicatum; Pleurotoma ramosa* et *P. Jouanneti; Natica Josephinia* et *N. cirriformis; Solarium simplex* et *S. carocollatum*. Parmi les Acéphales: *Ostrea crassicostata, Pecten latissimus, P. expansus, P. Josslingi, P. pseudo-Pandorae* var. *minor* et des rares précurseurs des groupes de *P. cristato-costatus* et *P. subarquatus. Venus islandicoides* est très fréquent, ainsi que les *Avicula, Pinna, Arca, Lucina, Cardium, Lutraria, Tellina, Thracia* et les *Glycymeris*.

Mr. P. de Loriol a décrit en 1896 [1] une nouvelle espèce provenant de cette division sous le nom de *Clypeaster palençaensis.*

La faune a encore un caractère burdigalien quoique les formes helvétiennes se voient aussi avec fréquence.

Les couches de la division IV[a] commencent à affleurer à Lisbonne dans le versant méridional de la colline où est située la citadelle de St. Georges, puis elles peuvent être suivies, mais avec des interruptions, dans la direction du Nord et du N. N. O. par les vallées dos Anjos, d'Arroyos et du Campo Grande jusqu'à Telheiras et Lumiar, se montrant de nouveau vers le N. N. E. près d'Ameixoeira et entre le fort de ce nom et la route militaire où elles cessent tout-à-fait de se montrer.

L'épaisseur des couches d'Areeiro est de 30 mètres environ à Lisbonne, mais elle va en diminuant vers la limite nord du bassin. Ces argiles sont exploitées pour la fabrication des tuiles et des briques de l'autre côté du Tage par l'usine de Palença près de Forno do Tijolo. On les utilise aussi à Lisbonne, ainsi que celles d'autres assises, en les mélangeant à de la poussière de charbon de bois pour confectionner des briquettes rondes, pour entretenir le feu dans les cuisines où ce charbon est préféré à la houille.

IV[b]. **Sables, argiles et molasse sableuse à** *Ostrea crassissima* **et empreintes végétales de Quinta do Bacalhau.**—Ce deuxième terme de la division IV, que nous considérons comme le toit du Burdigalien de Lisbonne, est bien visible dans la ville et ses environs par suite de coupes à ciel ouvert pour l'exploitation de sables pour constructions; ces exploitations ont surtout lieu à droite de la route de Lisbonne à Portella de Sacavem. Nous avons choisi la Quinta do Bacalhau comme désignation toponimique de cette assise, parce que cette localité à été rendue classique par la description des empreintes végétales soumises à Oswald Heer [2] par Carlos Ribeiro.

Cette assise est constituée, principalement au Nord du Tage, par une série de bancs de sable, en partie ferrugineux, à couleurs très vives, le rouge prédominant, avec intercalations de lentilles argilo-sableuses contenant des *Ostrea crassissima* et *O. gingensis* en abondance et de quelques lits formés par une argile molle et onctueuse, micacée et de couleur gris-claire et jaunâtre. Ces lits se montrent principalement dans le tiers inférieur de la série, et contiennent: les uns des moules de mollusques, presque tous de facies saumâtre, les autres des impressions plus ou moins abondantes de végétaux terrestres, ou encore des moules assez bien conservés. Le tout est couvert de sables de couleur blanchâtre, passant en partie à un grès caverneux à ciment calcaire peu consistant, avec quelques moules de gastéropodes et de pélécypodes franchement marins qui établissent la transition au calcaire plus ou moins consistant et très fossilifère de l'assise de Casal Vistoso (V[a] du tableau), formant la base de l'Helvétien. La faunule des couches inférieures comprend les espèces suivantes:

Nassa aquitanica Mayer.	*Tellina lacunosa* Chemn.
Cerithium papaveraceum Bast.	*Fragilia Cotteri* Font.
» *lignitarum* Eichw.	*Ervilia pusilla* Phil.
» *pictum* Bast.	*Cytherea undata* Bast.
Turritella terebralis Bast.	*Cardium latesulcatum* Sow.
Calyptraea chinensis Lin.	*Mytilus aquitanicus* Mayer.
Lutraria oblonga Chemn.	*Meleagrina phalaenacea* Lam.

Parmi ces espèces c'est *Cytherea undata* qui représente l'élément le plus ancien; selon Fontannes [3] il est connu de l'Aquitanien de la Gironde, et passe dans les faluns de Saucats et de Mérignac. C'est en tout cas une forme burdigalienne.

[1] *Description des Echinodermes tertiaires du Portugal,* p. 19, pl. VI, fig. 1-2. Lisbonne, 1896.
[2] *Contributions à la flore fossile du Portugal.* Lisbonne, 1881.
[3] *Note sur quelques gisements nouveaux des terrains miocènes du Portugal,* p. 20. Paris, 1884.

La liste suivante comprend les quinze espèces de plantes de Quinta do Bacalhau décrites par Oswald Heer:

Myrica salicina Ung.
Carpinus pyramidalis Goepp.
Ulmus plurinervia Ung.
Planera Ungeri Ett.
Cinnamomum Scheuchzeri Hr.
Acerates veterana Hr.
» *longipes* Hr.
Apocynophyllum obovatum Hr.

Apocynophyllum occidentale Hr.
Fraxinus praedicta Hr.
Eucalyptus oceanica Ung.
Prunus acuminata A. Braun.
» *nanodes* Ung.
Podogonium Knorrii A. Braun.
Phyllites inaequalis Hr.

D'après le tableau contenu dans l'ouvrage cité de Heer, pag. xiv, six de ces espèces: *Myrica salicina, Ulmus plurinervia, Planera Ungeri, Cinnamomum Scheuchzeri, Eucalyptus oceanica* et *Prunus acuminata* ont été recontrées d'abord dans le Miocène inférieur; une autre *Podogonium Knorrii* appartient au Miocène moyen et *Carpinus pyramidalis, Acerates veterana, Fraxinus praedicta* et *Prunus nanodes* sont des espèces du Miocène supérieur de l'Europe; *Acerates longipes, Apocynophylum obovatum, A. occidentale* et *Phyllites inaequalis* sont des espèces nouvelles, la première appartenant à un genre helvétien et les trois autres à des genres dont l'apparition remonte en Europe au Tongrien.

Il est donc évident que les données fournies par les plantes de Quinta do Bacalhau, de même que par celles de Campo Grande, appuient les conclusions auxquelles conduit l'étude de la faune malacologique de ce niveau; cependant Heer n'est pas arrivé aux mêmes conclusions, ce qui est probablement dû aux données stratigraphiques absolument inexactes qui lui avaient été fournies à l'époque où la superposition des couches du Miocène de Lisbonne était fort imparfaitement connue. Heer croyait devoir placer Quinta do Bacalhau et Campo Grande à la fin du Miocène supérieur, auquel «on donne parfois la dénomination de mio-pliocène» (op. cit., pag. xiv).

La puissance des sables à *Ostrea crassissima* et à végétaux de Quinta do Bacalhau doit être de 30 à 32 mètres et celle des grès calcarifères formant le toit, de 3 à 4 mètres.

Ces sables peuvent être observés sur les flancs de la colline du château de St. Georges, principalement sur les côtés qui sont tournés au Nord et à l'Ouest, sur les flancs des collines de Graça, Senhora do Monte, Penha de França, Alto do Pina et le long de la route de Portella de Sacavem, comme il a été dit plus haut; d'ici ils se dirigent vers l'Ouest, suivent les flancs de la vallée où passe la route de Lumiar jusqu'au voisinage de Torre. On peut aussi les voir au S. S. O. d'Ameixoeira et sur les collines qui dominent la plaine de Friellas jusqu'au Alto da Boa Vista et Quinta de S. Jorge à l'Est de Ponte de Friellas; au S. et au S. E. d'Appellação; à la base de la colline de Catojal, continuant sur la rive gauche du ruisseau de Sacavem dans la direction du Nord jusqu'au Casal da Serra, 800 mètres au Sud de Vialonga.

HELVÉTIEN INFÉRIEUR

L'étage helvétien est représenté dans le tableau par les sous-étages V et VI, contenant chacun trois assises (*a, b, c*). Sa plus grande épaisseur aux environs de Lisbonne est approximativement de 110 mètres. Au Sud du Tage elle est loin d'atteindre ce chiffre.

Vª. Mollasse calcaire et grès à *Pecten scabrellus* de Casal Vistoso.—L'assise de Casal Vistoso peut, à l'égal de quelques-unes des précédentes, et suivant les besoins de nos études, être divisée en zones. Nous en comptons trois, qui sont du bas en haut:

1. Calcaire fossilifère sableux et calcaire avec grès compactes à *Pecten scabrellus* (banc de Casal Vistoso proprement dit).
2. Molasse sableuse à *Placuna miocenica,* grès fin argileux et sables et grès à *Ostrea crassissima.*
3. Calcaire compact fossilifère et grès calcaire à *Pecten scabrellus* var. *scabriusculus,* var. *camaratensis* et autres formes du même groupe (banc de Musgueira).

La puissance réunie de ces trois zones est de 25 à 27 mètres.

Elles ne sont pas seulement intéressantes par l'abondance et la variété de leur faune, mais aussi au point de vue économique. Elles ont une valeur comme matériaux de construction de bonne qualité, ce qui est surtout le cas pour le banc calcaire de la base, dit de Casal Vistoso, qui est le troisième niveau de calcaire tertiaire exploité à Lisbonne.

Ce banc imprime un cachet pittoresque à la région qu'il traverse, en donnant lieu à des parois ruiniformes couronnant les versants formés par les argiles bleues et les sables rouges des assises inférieures, qui leur servent de manteau protecteur.

Comme il est plus résistant, il a pu s'opposer efficacement aux progrès de la dénudation et fournir à nos ancêtres une base solide pour leurs lourds édifices religieux et militaires, tel est le cas pour les monastères de Graça, Penha de França, le château de St. Georges, etc. Plus récemment, on y a assis le fort d'Ameixoeira, qui fait partie des travaux de défense du camp retranché de Lisbonne.

Le regretté Dr. Bleicher[1] qui en 1898 étudia une série de roches de notre Tertiaire, fit l'observation suivante sur un échantillon provenant du calcaire fossilifère de la première zone: «Ce sont encore les coquilles entières, huîtres, foraminifères, ou leurs débris, qui forment la majeure partie de l'élément calcaire de l'échantillon; tout le reste est formé de sable, cimenté par du calcaire siliceux»; et relativement à un autre échantillon du même banc, mais plus compacte, il dit: «Les grains de quartz y sont rares, et les débris roulés très abondants; test de gastéropodes, de bivalves épais, huîtres?, Lithothamnium?, y représentent, avec les foraminifères du type Nummulina, l'élément calcaire».

Pour ce qui concerne la couche du toit (banc de Musgueira), qu'on doit se garder de confondre avec celui de la base, il s'exprime de la forme suivante: «Roche exclusivement calcaire, constituée par des débris de test de coquilles de mollusques, roulés, arrondis, entourés de calcaire fin, nuageux, de foraminifères du type Nummulina, d'organismes difficiles à déterminer, au milieu d'un ciment cristallin plus ou moins transparent».

Cette roche en sortant de la carrière est très compacte, mais lorsqu'elle a été pendant longtemps exposée à l'action des agents atmosphériques, elle prend un aspect pulvérulent, se desagrège avec facilité et devient blanche comme la chaux.

Malgré cet inconvénient, on l'exploite comme moëllon quoiqu'elle ne soit pas employée sur une aussi grande échelle que la pierre de Casal Vistoso, qui s'en distingue en général par une teinte jaunâtre.

Le banc de la base et celui du toit de l'assise contiennent un nombre infini d'individus appartenant à des variétés et sous-variétés du groupe de *Pecten scabrellus,* qui sur quelques points arrivent à être presque les seuls fossiles constituant la roche, et présentent des échantillons en parfait état de conservation, dont le plus grand diamètre dépasse parfois un décimètre.

On trouve dans les lits argileux de la 2ᵉ zone des empreintes de végétaux terrestres comme c'est le cas dans quelques-unes des assises précédentes. Dans un banc de sable à huîtres, on a recueilli un fragment de dent de *Mastodon angustidens?*

La liste qui suit contient les principales formes animales recueillies dans l'assise dont il est question. En général tous les mollusques sont à l'état de moules, sauf les ostracés.

[1] *Contribution à l'étude lithologique, microscopique et chimique des roches sédimentaires, secondaires et tertiaires du Portugal.* (Communicações, t. III, fasc. II, p. 270. Lisbonne, 1898.)

Mastodon angustidens? Cuv. (frag. de dent).
Cétacés (frag. d'os).
Conus clavatus Lam.
» Mercatii Br.
» tarbellianus? Grat.
» antediluvianus Brug.
Oliva Dufresnei Bast.
Ancillaria glandiformis Lam.
Cypraea pyrum Gmel.
Voluta rarispina Lam.
» ficulina Lam.
Mitra fusiformis Br.
Buccinum duplicatum Sow.
» Caronis Brongn.
Cassis mamilaris Grat. (grande forme).
Ranella marginata Brongn.
Strombus nodosus? Bors.
Pyrula cingulata Bronn.
» cornuta Ag.
Pleurotoma Jouanneti Des Moul.
Cerithium papaveraceum Bast.
Protoma mutabilis Sow.
Turritella terebralis Lam.
» gradata Menke.
» subarchimedis d'Orb.
» bicarinata Eichw.
» Delgadoi D.C.G. n. sp.
Turbo rugosus? Lin.
Xenophora Deshayesi Micht.
Trochus patulus Br.
Vermetus arenarius Lin.
Natica millepunctata Lam.
» Josephinia Risso.
Glycymeris Faujasi Men.
Lutraria oblonga Gmel.
Tellina planata Lin.
Tellina lacunosa Chemn.
Tapes vetula Bast.
Venus gigas Lam.
» plicata Gmel.
Venus multilamella Lam.
Cytherea pedementana Ag.

Cardium discrepans Bast.
» multicostatum Br.
» oblongum var. comitatensis Font.
» latesulcatum Sow.
» hians Br.
Lucina columbella Lam.
» leonina Bast.
» ornata Ag.
Diplodonta rotundata Mont.
Nucula nucleus Lin.
Arca turoniensis Duj.
» diluvii Lam.
Mytilus aquitanicus Mayer.
Lithodomus lithophaga Lin.
Pecten cristatocostatus Sacco (P. aculecostatus Sow.).
» Fuchsi Font.
» subarcuatus Tourn.
» Josslingi Sow. var. laevis Cotter in Depéret.
» revolutus Micht.
» aff. Benedictus Lam.
» Tournali Serres.
» latissimus Br.
» burdigalensis Lam.
» scabrellus Lam. var. camaratensis Font.
» scabrellus Lam. var. scabriusculus Math. et
autres formes du même groupe.
Spondylus crassicosta Lam.
Placuna miocenica Fuchs.
Ostrea crassissima Lam.
» gingensis Schloth.
» Boblayei Desh.
» saccellus Duj. (O. Forskalii in Sacco).
Anomia Choffati D.C.G. n. sp.
Scutella Faujasi Defr.
» subrotunda Lam.
» lusitanica P. de Loriol.
Echinolampas hemisphaericus Ag.
» hemisphaericus var. maxima.
Polypiers.
Foraminifères.
Lithothamnium.

En vue de la fréquence de plusieurs espèces, principalement de Pectinidés, caractéristiques de l'Helvétien, dans la molasse calcaire et les grès du sous-étage V du Nord et du Sud du Tage, nous croyons devoir ranger intégralement la même division dans cet étage.

Parmi ces espèces caractéristiques nous ferons mention plus particulièrement de Pecten cristatocostatus et variétés, P. Fuchsi, P. subarcuatus, P. revolutus, P. Kocki et P. scabrellus var. camaratensis, var. scabriusculus et autres formes affines. Le P. Kocki se trouve déjà dans le toit du Burdigalien moyen, mais il se montre toutefois avec plusieurs des formes ci-dessus citées dans le sous-étage V de la falaise maritime au Sud de l'embouchure du Tage.

Placuna miocenica Fuchs qui, à ce qu'il nous semble, n'était connue que de l'Helvétien de l'Oasis de Síuah se trouve aussi dans le sous-étage V, ce qui est surtout le cas sur la rive gauche du Tage où elle est abondante.

Dans différents points des environs immédiats de Lisbonne et sur des points plus éloignés, les couches de l'assise V^a ont fourni des coquilles roulées ou des moules d'Helix. Les cailloux roulés y sont aussi fréquents.

En outre des points déjà cités, on peut observer la molasse de Casal Vistoso et celle de Musgueira dans les carrières de ces localités et à Fonte do Louro, Carrascal, Broma (Val-de-Chellas), Pedreira do Ferro Velho (Flamengas), Quinta dos Poyaes, route de Portella, Charneca, Camarate, et en plusieurs autres localités au N. E. de Lisbonne, tandis qu'on cesse de les voir à 300 mètres à l'Ouest du Casal de Quintans au N. de Santa Iria.

V^b. **Sables et grès à** *Ostrea crassissima* **de Val-de-Chellas.**—Les sables et les grès de cette division à grandes huitres, peuvent être observés à Val-de-Chellas, soit dans les tranchées profondes du chemin de fer de ceinture, à 300 mètres à l'Ouest de la halte de Marvilla, soit dans le tronçon qui relie la halte de Chellas à Xabregas. Sur ces points, on voit de bonnes sections, dont la surface était complètement observable avant qu'elle n'ait été masquée par la végétation et par le ruissellement de l'eau de pluie.

Ostrea crassissima est le fossile le plus fréquent de la moitié supérieure de la division IV, qui forme le toit du Burdigalien, et de la division V, mais nulle part il ne se montre en aussi grand nombre et avec d'aussi grandes dimensions que dans les bancs de sable et de grès grossiers à stratification irrégulièrement intrecroisée, dont nous nous occupons maintenant, principalement près du toit de cet horizon où il affecte une forme étroite et allongée et où il atteint une longueur de 50 centimètres.

Nous remarquerons que cette espèce, sans valeur stratigraphique dans le Tertiaire de Lisbonne, réapparait dans les grès de Grillos (VI^b), et que les *Ostrea crassissima* et *gingensis* sont abondants au sommet de la division VII, principalement aux extrémités N. E. et S. O. du bassin, aussi bien en place, que disséminés dans les dépôts superficiels formés en partie aux détriment des couches marines, comme c'est le cas par exemple entre Alverca et Verdelha sur la rive droite du Tage.

Les exemplaires gigantesques et de grand poids qui se trouvent au Musée de Lisbonne, proviennent du Tortonien d'Adiça à 16 et 18 kilomètres au Sud de l'embouchure du Tage.

Les bancs sableux de Val-de-Chellas contiennent quelques lits de calcaire marneux, de marne arénacée, de sable fin micacé et de calcaire grossier avec fossiles, parmi lesquels prédominent les *Pecten* des groupes de *P. cristatocostatus, Fuchsi, subarcuatus, scabrellus* et variétés, *Ostrea saccellus,* les moules ou les coquilles roulées de *Murex, Ranella, Pyrula, Pleurotoma, Natica, Turritella, Arca, Pectunculus, Cardium, Venus, Cytherea, Tapes,* et des fragments ou des exemplaires de *Scutella, d'Amphiope,* des foraminifères d'assez grande taille appartenant au genre *Rotalia.* Sur quelques points on voit des petits cailloux de quartzite, et dans les parties superficielles les plus exposées, des accumulations de sables rouges, provenant de l'altération par les agents atmosphériques.

La puissance de cette assise tout près de Lisbonne est de 30 à 35 mètres, mais elle diminue sensiblement à mesure qu'on s'éloigne de cette ville. Les sables de Val-de-Chellas commencent à apparaitre dans la partie orientale de Lisbonne à Santa Apolonia et suivent par Chellas, Portella, Charneca, Camarate, Catojal, Unhos, passant d'ici sur la rive gauche de la rivière de Sacavem par val de Figueira à Vialonga et se terminant dans la colline située à l'Est de ce village, et au S. S. O. du moulin de Rapozeira.

V^c. **Molasse à fossiles spathiques et couche à** *Anomia Choffati* **de Quinta das Conchas.**—Le dernier terme du sous-étage V, qui a environ 10 mètres de puissance, présente un groupe de couches formées de plaquettes compactes de calcaire marneux résistant et très fossilifère, alternant avec des dépôts de plus grande épaisseur de marnes et des grès ou des sables argileux à grain fin, et de nuances foncées.

On distingue en tout huit couches dont la dernière, de 2 à 3 mètres d'épaisseur, consiste en une marne jaune foncé contenant des valves isolées de *Pecten* et quelques moules et fragments de coquilles d'autres mollusques, mais dans laquelle on trouve en abondance les valves isolées d'une forme nouvelle d'*Anomia* fortement côstulée à laquelle nous donnons la désignation de *A. Choffati*, [1] et qu'on voit déjà, quoique fort rarement, dans les assises V^a et V^b.

Ces couches reposent immédiatement sur les dépôts puissants de sables et de grès à grandes huîtres de l'assise antérieure, comme on peut bien l'observer dans les tranchées de Val-de-Chellas, à S. S. O. de la halte de Marvilla, dans d'autres points de la banlieue et même bien au-delà vers le N. E. jusque près de Vialonga (300 mètres à l'E. S. E.) où elles disparaissent.

Les gastéropodes et les acéphales contenus dans les plaquettes tabulaires sont en partie conservées grâce à leur nature spathique. Leur grand nombre forme contraste avec la rareté relative en restes organiques (abstraction faite pour les huîtres et les *Pecten*), qui est en plusieurs points le fait dans les bancs sableux de l'assise inférieure (V^b) de la rive droite du Tage, et qui tient peut-être à ce que la nature pétrographique des strates a permis la dissolution des fossiles par l'infiltration des eaux atmosphériques.

La faune de ce complexe de couches à fossiles spathiques contient les espèces les plus communes de notre Helvétien inférieur (Casal Vistoso, Musgueira, Val-de-Chellas), mais les Gastéropodes prédominent sur les Acéphales. *Pereiraia Gervaisi* du Burdigalien supérieur est ici abondant.

On y voit en outre plusieurs genres tels que *Cancellaria, Terebra, Cassidaria, Pleurotoma, Mitra, Natica, Sigaretus, Protoma, Turritella, Scalaria, Bulla* et autres, représentés par des formes qui deviennent fréquentes dans les assises plus récentes de Xabregas, Grillos, Marvilla, Braço de Prata et Cabo Ruivo, ou dans les dépôts synchroniques de Margueira et de Mutella, de l'autre côté du Tage, et de Rego et Adiça dans les falaises au Sud de l'embouchure de ce fleuve.

On notera aussi parmi les lamellibranches l'apparition de la variété *gigantea* de l'*Ostrea crassicostata*, et de: *Anomia helvetica, Lima hians, Cardita pinnula, Cardita Partschi, Venus Brocchii, Estonia rugosa* et de quelques autres formes qui n'ont pas été reconnues dans les assises plus anciennes, ou y sont extrêmement rares.

A notre avis, les fossiles spathiques dont nous venons de parler, établissent une transition très graduée entre les faunes de l'Helvétien inférieur et des couches sous-jacentes, d'une part, et celles de l'Helvétien supérieur et du Tortonien; mais comme il arrive que les faunes des diverses assises de ce bassin se succèdent dans l'ordre ascendant, sans solution de continuité, il devient souvent très difficile d'établir des limites bien tranchées, en se guidant seulement par le criterium paléontologique.

HELVÉTIEN SUPÉRIEUR

VI^a. **Argiles bleues à Venus Brocchii de Xabregas.** — Cet ensemble vaseux et détritique est constitué par des couches plus ou moins puissantes d'argile et de grès ou sables fins argileux, de couleur bleu foncé ou jaunâtre avec des intercalations de calcaire marneux aggluté en plaquettes plus ou moins résistantes, qui se trouvent surtout vers la partie supérieure de l'assise.

Cet horizon a beaucoup d'analogie avec l'assise IV^a de Forno do Tijolo, comme il a déjà été dit. De même que cette dernière, les argiles de Xabregas ont été en grande partie détruites par l'érosion et il est difficile de pouvoir reconstituer une bonne coupe de la totalité de l'assise.

---

[1] Voyez *Note paléontologique* à la fin.

A Xabregas, dans une exploitation de marnes, au lieu dit Villa Dias, à peu de distance de la Manufacture de tabacs et dans les tranchées de l'ancienne voie ferrée, nous pouvons vérifier que son épaisseur est d'environ 17 à 18 mètres. Quelques couches sont remarquables par l'abondance des fossiles avec test qui contrastent par leur blancheur avec la couleur foncée de l'argile. Les formes de petite taille appartenant aux genres suivants y sont innombrables: *Ringicula, Nassa, Turritella, Acteon, Natica, Eulima, Bullinella, Calyptraea, Corbula, Ervilia, Mactra, Fragilia, Tellina, Nucula, Leda, etc.*

La riche faune de cette assise contient des os de Cétacés, devant en partie appartenir au genre *Delphinus* et à d'autres mammifères marins de plus forte stature, des dents de poissons de différents genres: *Corax, Galeocerdo, Lamna, Myliobates, etc.*, et des mollusques représentés par un grand nombre d'espèces et de variétés, les plus caractéristiques et les plus fréquents sont les suivants:

Conus Mercatii Br.
  » *Dujardini* Desh.
  » *Puschi* Micht.
Ancillaria glandiformis Lam.
Terebra fuscata Br.
Buccinum Caronis Brongn.
  »   *Rosthorni* Partsch.
  »   *(Nassa) pusio* Sow.
  »   » *costulatum* Br.
Cassis saburon Lam.
Pereiraia Gervaisi Vèz.
Ranella marginata Brongn.
Murex brandaris Lin.
  » *lingua-bovis* Bast.
Tudicla rusticula Bast.
Pyrula cingulata Bronn.
Fusus burdigalensis Bast.
Cancellaria varicosa Br.
  » *Westi* Grat.
Pleurotoma asperulata Lam.
Protoma Costae D.C.G. n. sp.
  » *mutabilis* Sow.
  » *rotifera*, Lam.
Turritella gradata Menke.
  » *Delgadoi* D.C.G. n. sp.
  » *subarchimedis* d'Orb.
Solarium carocollatum Lam.
Scalaria Libassii Seguen.
Sigaretus striatus Serres.
Acteon tornatilis Lin.
Natica perpusilla Sow.
  » *Josephinia* Risso.
  » *redempta* Micht.
  » *pseudo-epiglottina* Sism.
Eulima subulata Don.
  » *subbrevis* d'Orb.

Bullinella cylindracea Penn. var. *convoluta* Br.
Scaphander lignarius Lin.
Calyptraea chinensis Lin.
Glycymeris Faujasi Men.
Tugonia ornata Bast.
Corbula gibba Olivi.
Thracia pubescens Pult.
Neaera cuspidata Br.
Lutraria lutraria Lin.
  » *oblonga* Gmel.
Mactra triangula Ren.
Fragilia fragilis Lin.
Tellina compressa Br.
Tapes vetula Bast.
Venus Brocchii Desh.
  » *plicata* Gmel.
  » *multilamella* Lam.
Cardium hians Br.
  » *laevigatum* Lin.
Lucina columbella Lam.
  » *leonina* Bast.
  » *Bellardii* Mayer.
Cardita Jouanneti Bast.
Nucula nucleus Lin.
Leda pella, Lin.
Arca diluvii Lam.
  » *turoniensis* Duj.
Pinna pectinata Lin. var. *Brocchii* d'Orb.
Meleagrina phalaenacea Lam.
Lima hians Gmel.
Pecten Fuchsi Font.
  » *cristatocostatus* Sacco.
  » *scabrellus* Lam. var. *macrotis* Sow.
Ostrea digitata Eichw.
Anomia Choffati D.C.G. n. sp.
  » *helvetica* Mayer.

Les Échinides ne sont représentés que par *Schizaster Scillae.*

A la base de cette assise nous avons recueilli deux valves uniques de *Cardita Jouanneti*, espèce qui n'apparait avec fréquence que dans le Tortonien (VII[a], VII[b]), et principalement dans la division supérieure de cet etage.

Les argiles bleues de Xabregas sont exploitées pour la fabrication des tuiles, des briques et des poteries communes.

Cette assise se montre à Xabregas et suit par le S. O. du hameau de Lage jusqu'à la route qui part d'Olivaes pour aller se joindre à celle de Portella. A partir de la propriété de Trindade l'affleurement argileux se retrécit peu à peu et disparait complètement à 500 mètres au Sud du hameau de Encarnação, qui se trouve à 9 kilomètres au Nord de la capitale.

Cet horizon de même que son analogue (IV[a]) disparait ainsi avant d'atteindre la limite septentrionale du bassin de Lisbonne.

VI[b]. Grès calcareo-siliceux et grès argilo-calcaire à *Schizaster Scillae* de Grillos. — On remarque à première vue que l'élément arénacé domine dans les strates de cet horizon, ces roches étant formées par un ciment siliceux ou argilo-calcaire, quelques-unes atteignant une grande dureté et présentant un grain grossier. Quant à la coloration, on voit dominer des nuances claires, plus ou moins vives du jaune et de l'orangé, ce qui permet de les distinguer facilement du substratum, même à grande distance. On remarquera aussi que le degré de compacité et de dureté des roches de cette assise et de la suivante s'accroissent avec l'éloignement de Lisbonne vers le N. N. E. Par ce motif elles sont exploitées depuis un certain nombre d'années à Encarnação, à Francelha, dans les quintas «do Prior Velho» et «da Condessa», en substituition du basalte pour le pavage de rues de moindre importance de la capitale et des localités voisines. Une coutume très ancienne consiste à paver soit exclusivement avec le basalte, soit en lui adjoignant la pierre blanche du crétacique (vidraço), le premier servant pour le tablier ou pour les rigoles dans les rues macadamisées, et la pierre blanche ou la «pedra lioz» pour les trottoirs.

Aux environs de Lisbonne les fossiles ne sont pas aussi abondants dans cette assise que dans les assises encaissantes. On y rencontre de nouveau *Ostrea crassissima* qui est fréquente dans deux bancs, tandisque *Ostrea saccellus* y est assez rare. *Schizaster Scillae* y est relativement fréquent aussi bien dans les grès fins que dans ceux de grosseur moyenne; c'est pour ce motif que nous adoptons cette espèce pour désigner l'assise; elle est accompagnée de *Scutella subrotunda* et de *Brissopsis lusitanicus* (fort rare). Tandis que *Psammechinus dubius* est très fréquent au même niveau dans la partie inférieure de la falaise de Mutella sur l'autre rive du Tage, il ne nous a pas été possible d'en récolter un seul échantillon sur la rive droite, ce qui est encore le cas pour *Arbacina mutellensis*. Les Balanes sont fréquents dans ces grès soit en échantillons complets, soit en fragments empâtés dans la roche.

On rencontre dans les grès de Grillos, le *Protoma rotifera* et les *Turritella subarchimedis* et *Delgadoi*. On y voit aussi *Venus Brocchii*, de gros moules de *Mytilus aquitanicus* et de *Pinna pectinata* et *Pecten Tournali*, *P. varius P. cristatus*, *P. scabrellus* et une grande *Anomia* du type de l'*A. helvetica* Mayer *in* Sacco (var.) déjà signalée dans les deux assises précédentes et que l'on continue à voir dans les assises suivantes.

Un fragment d'une molaire de Mastodonte a été récolté près de la base de l'assise; il est silicifié, avec aspect de calcédoine, et sa taille, de même que l'usure de sa couronne, montre qu'il provient d'un individu très vieux. Il est probable qu'il appartient à *Mastodon angustidens* dont on a aussi récolté quelques restes analogues dans les strates de Casal Vistoso et de Marvilla. Sur quelques points on observe au toit de cette division une mince couche d'argile avec quelques empreintes de feuilles, peu distinctes.

Le premier affleurement des grès de Grillos apparaît dans le faubourg oriental de Lisbonne, à la place de Don Gastão. Dans une grande excavation en face de l'ancien couvent de Grillos, nous pouvons reconnaitre cet horizon qui continue jusqu'à Marvilla et même vers le Nord, avec interruptions jusqu'aux collines que se trouvent à l'Est de Vialonga où il forme des hauteurs ayant les cotes de 90, 95 et 97 mètres. Nous ne connaissons au delà de ces cotes aucun affleurement pouvant être attribué avec certitude à ces grès. La puissance de cet horizon, à Lisbonne, est de 10 à 11 mètres.

VIe. Calcaire compacte à *Ostrea crassicostata* var. *gigantea* de Marvilla.— L'assise supérieure de l'Helvétien de Lisbonne, à laquelle nous donnons la désignation ci-dessus, parce que son banc le plus puissant est caractérisé par l'*Ostrea crassicostata* var. *gigantea*, peut être divisée en deux zones:

1. Constituée par deux couches pétrographiquement identiques: un grès très compact micacé, à ciment calcaire. La couche inférieure contenant des valves isolées et des individus complets de *Modiola adriatica* Lam., la couche supérieure contenant *Ostrea crassicostata* var. *gigantea* et d'autres fossiles à l'état de moules.
   Puissance totale des deux couches 7 à 8 mètres.
2. Formée par une couche de sable fin micacé, de couleur jaunâtre, contenant des restes de *Schizodelphis sulcatus* Gerv. et plusieurs moules et impressions de petits mollusques acéphales, et un banc de calcaire marneux dur, constitué presque entièrement de moules de mollusques. La première couche ayant 0^m,60 et la deuxième 1 mètre de puissance.
   Épaisseur totale des deux couches 1^m,60.
   Puissance totale du complexe 8 à 9 mètres environ.

Les travaux du port de Lisbonne, effectués il y a une quinzaine d'années, donnèrent lieu à de grandes excavations dans les carrières déjà existentes, et à l'ouverture de nouvelles. L'assise dont nous parlons en ce moment fut exploitée dans l'une des plus importantes, connue sous le nom de Pedreira da Mitra, située à Marvilla, à 2 kilomètres des anciennes barrières orientales de la ville. C'est grâce à cette exploitation que nous avons pu avoir une connaissance plus complète des magnifiques fossiles qui abondent dans ces strates, car aucun autre dépôt tertiaire, à l'exception du Banco Real, n'a fourni des moules en aussi bonnes conditions. Ils sont même supérieurs à ceux de ce dernier dépôt, aussi bien par leur taille que par leur conservation. On peut dire que la région marine qui servait d'habitat aux mollusques et aux échinodermes de Marvilla était un véritable réservoir de géants.

Comme nous l'avons déjà dit, la première couche de la 2e zone a fourni des restes de *Schizodelphis* et d'autres mammifères marins qui, du reste, ne sont pas rares dans notre Helvétien et notre Tortonien. Dans la couche immédiatement supérieure, on a recueilli une dent de *Mastodon angustidens* et une autre au même niveau dans la propriété de Val-Formoso de Baixo.

La liste des fossiles recueillis dans cette assise serait longue, nous ne citerons que les plus abondants ou caractéristiques et remarquerons en premier lieu que la variété *gigantea* de *Ostrea crassicostata* en est incontestablement la forme la plus belle et la plus fréquente.

Conus betulinoides Lam.	*Pereiraia Gervaisi* Vèz.
» *clavatus* Lam.	*Murex trunculus* Lin.
» *Puschi* Micht.	*Tudicla rusticula* Bast.
» *Mercatii* Br.	*Pyrula cornuta* Ag.
Ancillaria glandiformis Lam.	» *cingulata* Bronn.
Marginella Estephaniae Costa.	*Fusus burdigalensis* Bast.
Terebra fuscata Br.	*Fasciolaria tarbelliana* Grat.
» *acuminata* Bors.	*Pleurotoma Jouanneti* Des Moul.
Buccinum Caronis Brongn.	» *asperulata* Lam.
Dolium denticulatum Desh.	*Protoma mutabilis* Sow.
Cassis saburon Lam.	*Turritella Delgadoi* D.C.G. n. sp.
Cassidaria echinophora Lam.	*Turritella subarchimedis* d'Orb.
Strombus Bonellii Brongn.	*Xenephora Deshayesi* Micht.

3

Sigaretus striatus Serres.
Scaphander lignarius Lin.
Crepidula unguiformis Bast.
Calyptraea chinensis Lin.
Glycymeris Faujasi Men.
Corbula gibba Olivi.
Pholadomya alpina Math.
Lutraria oblonga Gmel.
Tellina lacunosa Chem.
» planata Lin.
Tapes vetula Bast.
Venus gigas Lam.
» Brocchii Desh.
» plicata Gmel.
Dosinia orbicularis Ag.
Cytherea pedemontana Ag.
Cardium discrepans Bast. var. herculea D.C.G.
» hians Br.
» echinatum Lin.
» multicostatum Br.
Lucina columbella Lam.
Cardita Jouanneti Bast.
» crassa Lam.

Pectunculus bimaculatus Poli.
Arca turoniensis Duj.
» helvetica Mayer.
Modiola adriatica Lam.
Mytilus aquitanicus Mayer.
Pinna pectinata Lin.
Meleagrina phalaenacea Lam.
Pecten Tournali Serres.
» Josslingi var. laevis Cotter in Depéret
» tenuisulcatus Sow.
» varius Lam.
» fasciculatus Millet (P. Reussi Hoernes).
Hinnites crispus Br.
Spondylus crassicosta Lam.
Ostrea crassicostata var. gigantea Sharpe.
» Boblayei Desh.
» lamellosa Br.
Anomia helvetica Mayer.
Scutella subrotunda Lam.
Amphiope palpebrata Pomel.
Clypeaster Delgadoi P. de Loriol.
Echinolampas hemisphaericus Ag. var. maxima P. de Loriol.

Le calcaire de Marvilla commence à affleurer dans les faubourgs orientaux de Lisbonne à 500 mètres au Nord de l'église du Beato Antonio et il continue par Marvilla, Poço do Bispo, et vers le N.N.O. par Val-Formoso, Lage, Castello, Panasqueira et Sacavem. Depuis la rive septentrionale du ruisseau de Sacavem il passe par Dobadella, S. João da Talha, Pescouxe, jusque vers la colline du moulin de Rapozeira à l'E.N.E. de Vialonga.

TORTONIEN

Nous avons divisé cet étage en deux assises (a et b) caractérisées chacune par un Pecten. Puissance totale 45 à 46 mètres environ.

Les sables fins dits «areolas» de l'assise VII[a] à Pecten tenuisulcatus ont leurs affleurements les plus méridionaux auprès de la station de Braço de Prata et au bord du Tage à Telhal; d'où elles s'étendent par Olivaes, Sacavem et au delà du ruisseau de ce nom en direction du N.E. par Dobadella, Quinta dos Remedios, S. João da Talha, jusqu'à Caniços au N. de Povoa de D. Martinho.

Les areolas à Pecten scabrellus var. macrotis (VII[b]) se montrent dans la colline de Cabo Ruivo, et de Casal das Rolas (où on peut mieux observer toute leur puissance) et à Barroca; elles continuent par les propriétés de Varandas, du Salto et du Brito et par Buscavide et Beirollas jusqu'à la base du Monte Cintra à Sacavem. A partir du ruisseau de Sacavem l'affleurement se dirige vers le N.N.E. en suivant le flanc de la vallée du Tage jusqu'à Alverca et même, avec quelques solutions de continuité jusqu'à Alhandra. Au Nord de cette derniere localité on n'a plus rencontré que deux très petits lambeaux au Sud de Villa Franca, en contact avec le Jurassique. L'inclinaison entre Verdelha et Alverca atteint 20°, tandis que l'inclinaison normale du Miocène de Lisbonne est de 4 à 5° vers le S.S.E.

VII^a. **Sables fins (areolas) à *Pecten tenuisulcatus* de Braço de Prata.**—Cette assise est généralement formée de sables fins, micacés, de couleur jaune clair, et en moindre proportion de sables
fins argileux, foncés, alternant avec des calcaires marno-sableux durcis en plaquettes et très fossilifères. Son fossile le plus abondant est le *Pecten tenuisulcatus* Sow. [1]

Nous avons donné à cette assise la dénomination de *Areolas de Braço de Prata,* équivalent
stratigraphique des areolas de la partie supérieure de la falaise de Mutella, par le motif que c'est en
ce point qu'elles se trouvent le mieux représentées. C'est la première localité de la rive droite du
Tage où nous avons pu reconnaître et étudier cette assise.

Dans l'alternance de 20 couches d'areola jaune, de sables fins argileux, foncés, et de marno-
calcaires, il se trouve quelques strates arenacées qui atteignent 3 à 4 mètres d'épaisseur.

Dans un coupe relevée dans les tranchées du chemin de fer, à partir de la station de Braço
de Prata, en nous dirigeant sur Cabo Ruivo, nous avons constaté que la base est formée d'areola
argileuse, gris foncé, un peu micacée, épaisse de 2,50 à 3 mètres, contenant des impressions et des
moules de petits mollusques appartenant aux genres *Corbula, Ervilia, Tellina, Cardium, Lucina,
Leda,* et de nombreux restes de cétacés analogues à ceux que l'on observe dans les assises plus anciennes de Xabregas et de Marvilla.

A cette couche argilo-arenacée succède un banc de calcaire marneux, de 0^m,90, surmonté d'une
alternance de lits analogues, et de lits d'areolas. Ces lits calcaires empâtent de nombreux restes de
mollusques, étant sur quelques points à l'état spathique et se trouvant accompagnés de vertèbres,
de dents, et d'autres restes de cétacés et de poissons.

Parfois les coquilles ne sont pas complètement détruites et présentent encore des portions de
test calcaire adhérant aux moules, mais le plus souvent les coquilles ont complètement disparu ou
bien il semble qu'elles ont été reconstituées par un remplisage de calcite dans le vide laissé par la
substance testacée.

Tandis que ces lits présentent de nombreux restes d'une faune marine abondante et variée,
les bancs plus puissants de sables fins à couleurs claires semblent à premier vue être dépourvus de
fossiles, ces derniers étant relativement rares et n'étant représentés que par des empreintes et d'autres vestiges peu distincts et par des exemplaires de *Pecten tenuisulcatus* ou autres, ou encore par
des petites huitres et anomies.

Tels sont les traits généraux de cette première assise de notre Tortonien dont l'épaisseur est
de 21 à 22 mètres. Comme sa faune est très analogue à celle de l'assise qui lui succède, nous les
réunissons en un seul tableau et pour le même motif de concision, nous réunissons les données
concernant la distribution géographique des deux assises VII^a et VII^b.

Les areolas de Braço de Prata et de Mutella sont employées dans les fonderies pour la confec-
tion des moules, et la roche des bancs plus épais de calcaire sert comme moellon ou même comme
pierre de taille.

VII^b. **Sables fins (areolas), grès argileux et molasse à *Pecten scabrellus* var. *macrotis* de Cabo
Ruivo.**—Les couches qui se montrent dans les escarpements des collines de Casal das Rolas et Barroca
situées au bord du Tage, à peu de distance de la station du chemin de fer de Cabo Ruivo, sont caractérisées comme celles de l'assise précédente (VII^a) par un *Pecten* du groupe de *P. scabrellus* décrit par
Sowerby sous le nom de *P. macrotis.* [2]

A mi hauteur de la falaise de Casal das Rolas on voit des bancs de roches arénacées plus ou
moins résistantes, formées par des agglomérations du *Pecten* précité, où dominent aussi les *Pinna,*

---

[1] Sowerby *in* Smith. *On the Age of the Tertiary Beds of the Tagus.* (Quarterly Journal of the Geological Society,
vol. III, 1847, p. 418, pl. XVIII, fig. 5).

[2] Sowerby *in* Smith. Op. cit., p. 420, pl. XVIII, fig. 19–20.

fait qui peut s'observer encore plus facilement et sur une plus grande échelle dans la falaise maritime immédiatement au Nord de Boca do Rego, dont nous parlerons plus loin.

Ces bancs constituent un excellent point de repère. Le *Pecten* qu'ils contiennent de même que d'autres formes du même groupe se rencontre aussi, avec plus ou moins de fréquence, dans différentes couches de cette assise, mais dans aucun cas il n'y présente une telle abondance.

En général les couches de l'assise à *P. scabrellus* sont beaucoup plus argileuses que celles de la précédente et leurs couleurs foncées contrastent avec la nuance presque uniformement claire des areolas à *Pecten tenuisulcatus*.

Au dessous des bancs à *Pecten* agglomérés et à *Pinna*, on observe une grosse couche d'argile un peu arénacée, très micacée, bleu foncé, contenant de nombreux fossiles parmi lesquels *Turritella subarchimedis* se distingue par son abondance, ce qui est aussi le cas de *Mytilus aquitanicus* ainsi que des *Pleurotoma* des groupes de *P. asperulata* et *P. Jouanneti*.

Toutes ces coquilles ont leur test et sont en bon état de conservation, mais il est pourtant difficile de les extraire à cause de leur grande fragilité. C'est à environ 5 mètres au dessous de cet important niveau que l'on doit placer la base de l'assise, formée de couches alternantes d'areolas foncées et de tablettes très fossilifères. Son toit est constitué par des dépôts de grès calcaire marno-sableux plus ou moins compactes, à éléments fins ou moyens, tachés d'oxide de fer, avec nombreux fossiles spathiques tels que: *Ancillaria glandiformis, Marginella Estephania, Buccinum Caronis, Murex, Protoma, Natica, Venus, Cardita, Pectunculus;* par un conglomérat détritique de couleur jaune vif composé de petits débris de coquilles roulées, et par des groupes d'*Ostrea crassissima* ou d'individus de cette espèce dispersés dans le grès.

Ces fossiles peuvent toujours se voir aussi loin que l'on s'avance vers le N.N.E. jusqu'au contact de ces couches avec le conglomérat fluvio-lacustre ou jusqu'aux affleurements du mésozoïque d'Alverca, Alhandra et du voisinage de Villa Franca où cesse le Tortonien marin de la rive droite du Tage.

Nous ne terminerons pas sans mentionner qu'il ne nous a pas été possible de recueillir un seul exemplaire d'*Ostrea crassicostata* var. *gigantea*, ou de *Pereiraia Gervaisi* au dessus du toit de l'Helvétien de Marvilla.

Parmi les nombreux fossiles, contenus dans les dépôts tortoniens que nous venons d'esquisser nous citerons les espèces suivantes, dont quelques-unes sont notables par la grosseur des individus et l'épaisseur de leurs tests.

Conus betulinoides Lam.
»　*Berghausi* Micht.
»　*Mercatii* Br.
»　*ventricosus* Bronn.
»　*tarbellianus* Grat.
»　*Puschi* Micht.
»　*Dujardini* Desh.
Ancillaria glandiformis Lam.
Marginella Estephaniae Costa.
Mitra fusiformis Br.
Columbella curta Bell.
Buccinum Caronis Brongn.
»　*Rosthorni* Partsch.
»　*polygonum* Br.
»　*coloratum* Eichw.
»　*mutabile* Lin.
»　*conglobatissimum* Costa.

Cassis saburon Lam.
Chenopus pespelecani Phil.
Ranella marginata Brongn.
Murex aquitanicus Grat.
»　*trunculus* Lin.
»　*Sedgwicki* Micht.
»　*craticulatus* Br.
»　*brandaris* Lam.
Tudicla rusticula Bast.
Pyrula cingulata Bronn.
Fasciolaria tarbelliana Grat.
Cancellaria varicosa Br.
»　*Westi* Grat.
Pleurotoma ramosa Bast.
»　*asperulata* Lam.
»　*submarginata* Bon.
»　*Jouanneti* Des Moulins.

Protoma mutabilis Sow.
» mutabilis var. gigantea D.C.G. n. var.
Turritella Delgadoi D.C.G.
» subarchimedis d'Orb.
Scalaria proxima De Boury.
» Turtonis Turt.
Sigaretus striatus Serres.
Natica redempta Micht.
» Josephinia Risso.
Eulima subulata Don.
Acteon semistriatus Defr.
Scaphander lignarius Lin.
Crepidula unguiformis Bast.
Calyptrae chinensis Lin.
Clavagella bacillaris Desh.
Solen siliquarius Desh.
Solenocurtus Basteroti Des Moulins.
Glycymeris Faujasi Mén.
Corbula gibba Oliv.
Thracia pubescens Pult.
Lutraria oblonga Chemn.
Cardilia Deshayesi Hoern.
Fragilia fragilis Lin.
Tellina lacunosa Chem.
» ventricosa Serres.
» planata L. var. lamellosa D.C.G. n. var.
» compressa Br.
Tapes aenigmaticus Fish. et Tourn.
» vetula Bast.
Venus gigas Lam.
» Brocchii Desh.
» multilamella Lam.
» plicata Gmel.
Cytherea pedemontana Ag.
Cardium discrepans var. herculea D.C.G. n. var.
» paucicostatum Sow.
» hians Br.

Cardium multicostatum Br.
» paucicostatum Sow.
Lucina columbella Lam.
» spuria Desh.
» trigonula Bronn.
» borealis Lin.
» transversa Bronn.
Diplodonta rotundata Mont.
Cardita Jouanneti Bast.
» crassa Lam.
» crassa Lam., var. scabricosta Micht.
Nucula nucleus Lin.
Pectunculus bimaculatus Poli.
Arca mytiloides Br.
» helvetica Mayer.
» diluvii Lam.
Modiola adriatica Lam.
Mytilus aquitanicus Mayer.
Pinna pectinata var. Brocchii d'Orb.
Pecten Tournali Serres.
» latissimus Br.
» fraterculus Sow.
» tenuisulcatus Sow.
» cristatus Bronn.
» scabrellus var. macrotis Sow. et autres formes du même groupe.
» varius Lam.
Spondylus crassicosta Lam.
Ostrea digitata Dub.
» crassissima Lam.
Anomia Choffati D.C.G. n. sp.
» helvetica Mayer.
Psammechinus dubius Ag.
Scutella subrotunda Lam.
Echinolampas hemisphaericus Ag. var. maxima P. de Loriol.
Schizaster Scillae Desor.

II—BASSIN DU TAGE

(Rive gauche)

Le bord septentrional de la péninsule de Setubal qui fait face à Lisbonne, généralement désigné «Outra Banda» (autre rive), est formé par un affleurement de roches du tertiaire marin, analogues à celles de la rive droite que nous venons de décrire, mais la nappe basaltique et le conglomérat de Bemfica ne s'y montrent pas.

Plusieurs villages et hameaux sont situés sur cet affleurement, ou sur ces limites avec d'autres dépôts plus récents; tels sont: Piedade, Mutella, Cacilhas, Almada (chef lieu), Pragal, Senhora do Monte, Sobreda, Areeiro, Torre, Pera, Costas de Cão, Murfacem, Porto Brandão, Lazareto, Trafaria, etc.

Ces agglomérations sont disposées à peu près de l'Est à l'Ouest, les unes au bord du fleuve, d'autres à l'intérieur, tandis qu'une troisième catégorie se trouve au sommet des escarpements qui dominent le Tage, escarpements dont l'altitude maxima est de 127 mètres à la hauteur de Raposo, 3 kilomètres à l'Ouest d'Almada.

Cet affleurement de Miocène est limité à l'Est par le Tage depuis la plage de Mutella par Margueira jusqu'à la pointe de Cacilhas; il en est de même au Nord, où se trouvent les plages do Ginjal, Arialva, Forno do Tijolo, Arrabida, Palença, Banatica, Porto Brandão, Portinho da Costa, Porto dos Buxos et Trafaria.

La limite méridionale est formée par les dépôts alluviens de Caramujo et par les graviers et sables d'Alfeite, désignés comme pliocène dans la Carte géologique du royaume. Enfin, la limite occidentale est formée en majeure partie par les sables éoliens qui remplissent la vallée s'étendant entre la hauteur de Chibata et Trafaria. Si ce n'était cette interruption occidentale, on pourrait dire que l'affleurement miocénique se prolonge dans cette direction jusqu'à l'ancien fort de Vigia, d'où il se dirige S.S.E. par la falaise de Alpena et de Fonte da Pipa, pour être ensuite masqué par les sables pliocéniques d'Alfeite qui couronnent la hauteur de Chibata.

La largeur maxima de l'affleurement de l'*autre rive* proprement dite, par exemple de la plage de Banatica jusqu'à Areeiro au Sud, ou de Portinho da Costa à la base de Chibata, est environ de 3.500 mètres, et sa plus grande extension de l'Est à l'Ouest, entre Cacilhas et Trafaria, est environ de 7 kilomètres, ce qui correspond à une superficie de 20 kilomètres carrés.

Le deuxième affleurement faisant suite à l'affleurement principal en direction de O.S.O., sur lequel sont assis le vieux fort de Vigia et les fortifications de Alto da Rapozeira et d'Alpena, se relie à l'affleurement précédent par une sorte d'isthme. Il a 3.000 mètres de longueur entre Rapozeira et la base de la colline de Chibata, tandis que son maximum de largeur n'atteint pas un kilomètre.

La falaise maritime suit en direction S.S.E. vers Boca do Rego et Adiça en formant une grande courbe rentrante, de faible rayon, jusqu'auprès de la lagune d'Albufeira et continuant ensuite vers le O.S.O. jusqu'à Porto de Lagosteiros et le Cap d'Espichel. Cette falaise est couronnée en grande partie par les grès et les sables d'Alfeite ou par les sables modernes, mais les ranches des strates miocéniques sont visibles dans l'escarpement.

Elles disparaissent près de la lagune pour réapparaître plus au Sud à partir de l'embouchure du ruisseau d'Alfarim, et continuent à être visibles dans la même direction, dans la falaise de Sete Bicas, de Penedo, de Joinal et de Foz da Fonte. A partir de ce point, le rivage est formé par des roches mésozoïques constituant les rives escarpées de Pedra Negra, de Lagosteiros et de Cap d'Espichel.

Il faut observer qu'entre les interruptions indiquées ci-dessus, les tranches des couches miocéniques sont masquées sur plusieurs points par leurs propres éboulements et par des sables éoliens qui atteignent une forte puissance.

L'appareil côtier qui se trouve entre cette falaise et la plage sujette à l'action des marées est formé par une grande étendue de sable. Assez étroit au Sud de la lagune mentionnée, il s'élargit peu à peu à partir d'Adiça, jusqu'à ce qu'il vienne former l'extrémité du rivage du Tage à l'Est de la tour de Bugio. De ce point au pied de la falaise qui supporte le fort de Vigia, elle a plus de quatre kilomètres.

On peut évaluer à près des trois cinquièmes la superficie de la péninsule de Setubal recouverte par les grès, conglomérats et sables pliocènes d'Alfeite et de Setubal, et par des dépôts superficiels plus récents; les deux autres cinquièmes sont formés par l'affleurement du Miocène marin de «l'autre rive» et son prolongement occidental, par les affleurements du miocénique marin et de l'oligocénique lacustre qui s'étendent entre les serras de Palmella et au pied Nord de l'Arrabida, et enfin par les terrains mésozoïques qui forment la chaîne de l'Arrabida.

Après ces indications sommaires, nous traiterons de l'affleurement du Miocène marin de la rive gauche qui nous intéresse plus spécialement, en nous limitant à ce qui est nécessaire pour se former une idée de l'ensemble, car nous en avons déjà indiqué les points principaux dans la partie concernant la rive droite du Tage.

BURDIGALIEN INFÉRIEUR.—Sur la rive gauche nous n'avons pas observé de dépôts de la division I entre Mutella et Trafaria, qui par contre se font voir à environ 24 kilomètres au S. ou au S. E. de cette région, sur les versants de Serra d'Arrabida, dont nous parlerons plus loin.

BURDIGALIEN MOYEN.— II, III. A Porto Brandão, du côté intérieur de la muraille servant d'abri aux petites embarcations, les marées les plus basses recouvrent des bancs en place, que nous avons constaté former les strates les plus inférieures du Burdigalien moyen connues sur la rive gauche. Ils doivent correspondre à la partie moyenne de la première zone d'areolas, qui à Lisbonne affleure dans les quartiers d'Estephania et de Camões.

Indépendamment des différences de facies qu'une même série de strates présente parfois d'un côté à l'autre du Tage, différences que l'on remarque du reste à de petites distances, on ne doit pas oublier que les sables quartzeux plus ou moins fins jouent un rôle important dans la division II, mais que l'argile se présente en proportions plus fortes sur la rive gauche que dans les roches homologues de la rive droite, ce qui est le cas d'une façon générale pour toute la série marine de «l'autre rive».

Les areolas de l'Avenue Estephania affleurent dans la falaise à l'Est de Porto Brandão, à Banatica, à Alfauzina, à Palença, à Forno do Tijolo, les strates les plus supérieures disparaissant à la plage d'Arialva par suite de l'inclinaison normale vers le E.S.E.

A Porto Brandão le maximum d'épaisseur qui ait été reconnu à cette division, à partir de la ligne de basse mer, est de 15 mètres. Vers l'Ouest, elle se montre dans l'escarpement jusqu'à l'ancienne galère de Trafaria, et toujours avec la faune caractéristique qu'elle présente à Lisbonne, quoique les fossiles spathiques du toit ne s'y montrent pas, et qu'il y manque aussi les quartzites roulés, si abondants sur la rive droite, surtout à l'extrémité septentrionale du bassin miocénique.

La division III, que nous avons dénommée Banco Real, est magnifiquement représentée dans les falaises de la rive gauche, entre Trafaria à l'Ouest et la plage d'Arialva à l'Est. Son épaisseur est un peu plus faible qu'à Lisbonne, la faune et le facies pétrographique sont identiques. Les fossiles sont à l'état de moules intérieurs. C'est à Porto Brandão que l'on a trouvé un moule d'*Aturia aturi*, qui, avec un autre exemplaire recueilli à Foz da Fonte, près du cap d'Espichel, sont les uniques représentants de ce genre, connus jusqu'à ce jour en Portugal.

BURDIGALIEN SUPÉRIEUR.— IV[a], IV[b]. L'assise *a* de la division IV ou argiles bleues d'Areeiro (= Forno do Tijolo), est intégralement représentée depuis Trafaria jusqu'à Olho de Boi, où elle disparaît derrière un mur de soutènement d'une portion de la falaise, qui marque sa terminaison vers l'Est.

Ces argiles sont exploitées pour l'industrie à Forno do Tijolo à l'Ouest de la plage d'Arialva, à Palença, etc.

A l'égal de ce qu'on observe au Nord du Tage les meilleurs exemplaires de la faune de l'assise *y* abondent et y ont conservé leur test, ce sont par exemple les *Pereiraia*, les *Buccinum*, les *Protoma*, les *Turritella*, les *Pyrula*, les *Solarium*, les *Fossarus*, les *Lutraria*, les *Venus*, les *Lucina* et les *Arca*. Le genre *Pecten* y est très bien représenté par plusieurs espèces.

Le facies de cette formation argileuse est analogue à celui que nous lui connaissons à Lisbonne et ses environs, ce qui est le cas aussi bien à Forno do Tijolo, qu'à Palença, Banatica, Porto Brandão et le reste de l'escarpement jusqu'à Trafaria. Par contre, les épaisseurs ne coïncident pas, car elles atteignent ici leur maximum, qui est de 40 mètres environ, tandis que du côté de Lisbonne elles n'en comptent pas plus de 30. Le fait contraire se produit pour la formation arénacée qui les surmonte (IV[b]); car à Forno do Tijolo et dans les points voisins, les sables à *Ostrea crassissima* et à empreintes végétales de Quinta do Bacalhau n'ont qu'une dizaine de mètres tandis qu'au Nord du Tage ils en ont de 30 à 32. Ces sables se présentent pourtant avec le même facies, car la coupe suivent peut s'observer à partir du toit des argiles, par exemple à Forno do Tijolo:

1. Un grès incohérent micacé, de couleur blanche ou jaunâtre, renfermant une strate argileuse avec des impressions de végétaux semblables à ceux de Quinta do Bacalhau ou de Campo Grande: *Acerates longipes*, *Sapindus falsifolius*, *Skimmia OEdipus*. Ce grès qui contient des petits quartzites roulés renferme aussi des vestiges de végétaux. Son épaisseur n'atteint que 1 mètre.
2. Au-dessus de ce grès se trouvent des sables grossiers ayant de 4 à 5 mètres d'épaisseur.
3. Puis vient un grès plus cohérent avec groupes de valves d'*Ostrea crassissima*. Épaisseur 1 mètre.
4. Finalement on voit du sable micacé incohérent. Épaisseur 3 mètres.

HELVÉTIEN INFÉRIEUR.— V[a], V[b], V[c]. La molasse calcaire de Casal Vistoso, les sables à *Ostrea crassissima* et les couches à fossiles spathiques et à *Anomia Choffati* qui forment l'Helvétien inférieur de Lisbonne, sont représentés dans la partie supérieure et moyenne des falaises du Tage à partir de la colline contiguë à l'ancienne galère de Trafaria jusqu'à Cacilhas, et de ce point vers le Sud jusqu'à Margueira, mais dans ces dernières localités il n'y a que les deux assises supérieures qui soient visibles.

Quant à ce qui concerne la molasse de Casal Vistoso et de Musgueira, on remarque que sa puissance et sa division en gros bancs formant parfois des gradins, de même que les faunes sont aussi égales. Pourtant sur la rive méridionale *Placuna miocenica* est plus fréquent et mieux conservé, les différentes variétés du groupe de *Pecten scabrellus* sont tout aussi abondantes que sur la rive septentrionale, mais elles n'atteignent pas en général un aussi belle taille que dans les localités de Musgueira, et de Carrascal, Alto de S. João et Broma dans le val de Chellas, où l'élément calcaire est en plus forte proportion.

L'assise de sables à *Ostrea crassissima* (V[b]) montre à Cacilhas près du chantier de réparation de bateaux une puissance de 16 à 18 mètres, ce qui est aussi le cas pour d'autres points de l'escarpement, par exemple à Bôca do Vento, Fonte da Pipa et Olho de Boi, puissance qui diminue graduellement vers l'Ouest, comme on peut le constater depuis Alto do Pragal jusqu'à Murfacem et Trafaria. Il en résulte que dans cette dernière région les affleurements avec *Ostrea crassissima* sont maigrement représentés.

L'assise V^e présente dans les affleurements de la rive gauche une faune aussi riche qu'au val de Chellas, mais *Anomia Choffati* si abondante au toit de cette assise dans les environs de Lisbonne ne s'y trouve qu'en rares exemplaires.

On voit les roches de l'assise V^e à l'Alto do Raposo (entre Alfanzina et Palença). C'est un des points les plus élevés des collines qui forment la rive méridionale du Tage (127 mètres). Ces roches affleurent non seulement aux points culminants, mais aussi sur le versant méridional de ces collines, de sorte qu'en suivant la route d'Almada à Trafaria, on observe quelques talus mettant ces couches à découvert et montrant une abondance de fossiles spathiques, ce qui est surtout le cas du côté droit, par exemple à Almada, à Pragal, au Sud de Palença et à Murfacem.

HELVÉTIEN SUPÉRIEUR.—VI^a. Les argiles bleues de Xabregas ont leur équivalent à Margueira, point situé immédiatement au Sud de Cacilhas, au niveau de la basse mer. Autrefois, lorsque le rivage n'était pas masqué par différentes constructions, il était facile d'exploiter d'excellents gisements de fossiles nombreux, pourvus du test, qui se trouvent principalement dans les bancs plus argileux du toit. C'est de là que proviennent les magnifiques exemplaires de *Pereiraia Gervaisi* figurés par Pereira da Costa, qui sont conservés au Musée de Lisbonne.

Ces argiles s'étendent le long de l'escarpement jusqu'au lieu dit Forno da Cal, elles affleurent aussi en différents points de l'intérieur, comme par exemple au S. O. d'Almada dans le chemin de S. Sebastião à Piedade, au Sud de Pragal, au Sud de Torre, à l'Ouest de Ramalha. Ce sont en général des points bas, cultivés, n'offrant par conséquent pas de coupe convenable et ne permettant pas la récolte de fossiles qui ne soient décomposés ou privés de leur test.

L'épaisseur de l'assise est moindre de l'autre côté du Tage qu'à Lisbonne; elle peut comporter 12 à 14 mètres.

VI^b. Les grès de Grillos, qui reposent directement sur les couches foncées de Margueira, sont visibles dans l'escarpement entre Forno da Cal et Mutella, presque au niveau de l'eau, et en des points peu accessibles.

En ce point l'assise n'a pas plus de 7 mètres et est formée de strates arénacées à grain fin ou de grosseur moyenne, argileux ou calcaires, de couleurs gris foncé ou jaune, contenant beaucoup de fossiles, parmi lesquels les plus fréquents sont des fragments ou des exemplaires entiers de petits *Balanus*, et de *Psammechinus dubius*, associés à d'autres Echinides, tels que *Schizaster Scillae* (très abondants), et de rares exemplaires de *Arbacina mutellensis*. On y voit aussi et en abondance, des Pectinidés appartenant aux mêmes espèces que dans l'assise correspondante de Lisbonne, parmi lesquels ressort une belle forme appartenant au groupe de *P. Besseri* Andrz. et *P. planosulcatus* Math. dont nous n'avons pas encore trouvé d'échantillons sur la rive droite et dont un exemplaire analogue se trouve figuré par Mariz Hoernes dans sa planche LXII. On y trouve encore *P. fraterculus* Sow. et *P. revolutus* Micht.

Ce grès contient aussi *Anomia helvetica* fort abondant et très développé, *Mytilus aquitanicus*, *Pinna pectinata* var. *Brocchii*, *Arca helvetica*, *Cardium hians*, *Cardium paucicostatum*, *Venus Brocchii*, *V. plicata*, *Tapes vetula*, *Tellina lacunosa*, *Lutraria oblonga*, *Thracia pubescens*, *Corbula gibba*, quelques huîtres et très peu de Gastéropodes principalement à l'état de moules, tels que: *Protoma mutabilis*, *Turritella subarchimedis*, *T. Delgadoi*, *Ranella marginata*, *Triton corrugatum*, *Pyrula cingulata*, *Buccinum prismaticum*, *Scaphander lignarius* et *Pereiraia Gervaisi*.

Grâce à la présence de l'argile, le facies pétrographique de l'ensemble diffère à première vue de celui de Grillos, mais un examen attentif dénote des analogies incontestables, confirmées par la position stratigraphique.

4

Sur le côté gauche de la route qui conduit de Mutella à Piedade, on voit un affleurement des mêmes roches qui se montrent au bord du Tage et il en est de même dans l'ancienne route. Elles affleurent aussi près de la Quinta do Pombal, près de Piedade, à Costas do Cão, Pera de Baixo, etc.

VI°. Le dernier membre de l'Helvétien supérieur est représenté dans la partie inférieure de l'escarpement de Mutella, à une hauteur atteinte par la marée. Il y présente deux couches qui sont dans l'ordre ascendant:

1. A la base, un banc de deux mètres d'épaisseur formé par un grès fin, argileux, gris bleu foncé, contenant quelques restes de fossiles indéterminables; c'est l'équivalent de la couche calcaire à *Modiola adriatica* qui s'observe à Marvilla.
2. Des marno-calcaire de même nuance, et de même épaisseur, contenant *Ostrea crassicostata* var. *gigantea* et les autres fossiles caractérisant le banc principal de cette assise.

Les moules de Gastéropodes sont beaucoup plus nombreux à Mutella qu'à Marvilla; nous y avons remarqué les genres suivants, en plus de ceux que nous avons recueillis dans le banc principal au Nord du Tage: *Cypraea, Marginella, Buccinum, Cassidaria, Pleurotoma, Xenophora, Solarium, Acteon, Calyptraea*. Quant aux Pélécypodes, les mêmes formes se trouvent abondamment dans les deux gisements, mais Mutella présente la particularité que sauf *O. crassicostata* var. *gigantea* et l'un ou l'autre Pectinidé, tous les fossiles à l'état de moules sont de taille inférieure, ce qui provient probablement des conditions d'existence moins favorables par rapport à Marvilla où le carbonate de chaux était si abondant.

On y trouve encore le *P. Besseri* signalé dans l'assise précédente.

Ce gisement contient fréquemment les restes de crânes et d'autres parties du squelette de Cétacés de grandes dimensions et les dents de poissons des genres *Cybium, Phyllodus, Hemipristis, Oxyrhina, Lamna*.

En ce qui concerne les *Echinides*, nous remarquerons que l'on n'a pas encore trouvé au Nord du Tage la magnifique espèce appartenant au groupe *Bunactis* de Pomel, établie par Mr. Perceval de Loriol en 1896 sous le nom de *Clypeaster mutellensis*, [1] sur des échantillons très rares, provenant du banc en question; c'est du reste le seul Echinoderme qui s'y rencontre.

A notre connaissance, la molasse de Mutella n'a pas été utilisée pour matériel de construction comme c'est le cas sur une large échelle pour celle de Marvilla. Sa situation peu accessible, sa qualité médiocre et la faible étendue de ses affleurements ne sont pas des circonstances favorables à son exploitation.

A l'intérieur, le banc à *O. crassicostata* affleure dans l'ancienne route, 200 mètres au N.O. de Mutella, à Quinta de Pombal, à Costas do Cão, au N.O. de Areeiro, dans le voisinage de Pera et dans divers autres points de la région.

TORTONIEN.—VII°. Nous avons dit que le toit de l'Helvétien est formé, dans les environs de Lisbonne, par une couche arénacée de $0^m,60$ d'épaisseur, avec des restes de Cétacés (*Schizodelphis sulcatus* et autres) et de petites bivalves, et par un banc de calcaire marneux, durci, de 1 mètre d'épaisseur renfermant une grande quantité de moules de Gastéropodes; c'est le niveau le plus élevé où l'on rencontre *Pereiraia Gervaisi*.

Sur la rive Sud du Tage, ces deux couches ne présentent pas les mêmes caractères dans les falaises de Mutella. Au-dessus de la couche à *Ostrea crassicostata* var. *gigantea*, on voit à leur place deux bancs d'arcola avec une épaisseur plus grande, l'inférieur ayant passablement de fossiles, et le supérieur étant en partie concrétionné, ayant tous les deux le même facies que les couches tortoniennes qui leur sont superposées. Jusqu'à ce jour, ces deux bancs ne nous ont pas fourni *Pereiraia Gervaisi* qui, en Portugal, est caractéristique du Burdigalien supérieur et de l'Helvétien.

---

[1] Op. cit., p. 21, pl. VII, fig. 1-2.

Leurs caractères lithologiques et paléontologiques nous portent à les considérer provisoirement comme base de l'assise VII[a], et le banc à *Ostrea crassicostata* devient par conséquent le toit de l'assise VI[c].

La série de couches de sables fins (areola) qui s'observe de bas en haut dans l'escarpement de Mutella, entre ce point au Sud, et Forno da Cal au Nord, est équivalente, vu l'analogie de ses caractères, à la série synchronique de Braço de Prata et autres points des environs de Lisbonne. C'est là que se fait l'exploitation la plus active de sable fin servant aux moules des fonderies, comme nous l'avons déjà dit.

L'escarpement est fortement défiguré par l'effet d'éboulements et de dislocations produites par les failles dont une, courant approximativement du Nord au Sud, a produit sur une grande extension un dénivellement de 6 à 7 mètres du côté opposé à Forno da Cal.

L'épaisseur totale de l'assise VII[a] dans cette falaise et à l'intérieur est de 25 à 26 mètres, elle est donc supérieure à celle qu'on observe au Nord du Tage. Les areolas jaune clair, en partie bleuâtres, se montrent à l'intérieur sur une ligne qui depuis Piedade suit la nouvelle route jusqu'à Quinta do Pombal en direction N. N. O., y présentant aussi une bonne section sur l'étendue d'environ 500 mètres, et suivant de ce point vers le O. S. O., en passant au Sud de Ramalha, par le flanc nord de Val-de-Morellos, Formiga et Pera de Cima.

VII[b]. Les areolas à *Pecten scabrellus* de Cabo Ruivo ne sont pas représentées dans l'escarpement du Sud du Tage, mais à l'intérieur on en rencontre les parties inférieure et moyenne, au S. S. O. de Piedade. De là elles suivent par le Val-de-Morellos à Silveiras, le Nord de Sobreda et Areeiro, le sommet de Moinho da Pera, puis forment une partie des falaises de Costa de Caparica.

Ces areolas forment, de ce côté du Tage, la limite de notre Miocène marin avec les sables fins et grossiers et les conglomérats d'âge plus récent qui les surmontent et qui occupent une aire très étendue dans la péninsule de Setubal.

FALAISES MARITIMES

Costa de Caparica, Foz do Rego et Adiça, étang d'Albufeira et Foz da Fonte

A partir de l'embouchure du Tage la côte maritime se dirige vers le Sud, en formant des escarpements plus ou moins élevés, et montre jusqu'à peu de distance du cap d'Espichel des couches miocènes marines, couronnées par des dépôts plus modernes.

D'après les renseignements que nous avons donnés sur le grand affleurement qui vient d'être esquissé, il nous semble inutile d'entrer dans des détails sur chacune des assises qui se répètent sur toute l'extension de la côte maritime, et nous nous bornerons à des indications générales sur la faune et la stratigraphie.

Au S. O. de Trafaria, à la base de l'escarpement orienté vers le N. O. entre Rapozeira et les ruines du fort de Vigia, affleure le sommet du Banco Real, masqué en partie par les sables des dunes. Il est surmonté par les argiles de Forno do Tijolo, les sables de Bacalhau, les calcaires de Casal Vistoso et les sables et les fossiles spathiques de Val-de-Chellas et Quinta das Conchas. En se dirigeant vers le Sud, en contournant le fort à une certaine distance, on voit la hauteur d'Alpena et de Briellas, la première avec une altitude de près de 100 mètres, dont les falaises présentent toutes les assises que nous venons de signaler, exception faite du Banco Real, et en outre celles de la division VI et la moitié inférieure de la division VII (areolas de Braço de Prata = Mutella) qui forme les sommets.

L'inclinaison des strates étant très faible, il est évident que la hauteur de la falaise ne permettrait pas la présence de la majeure partie des assises, si ce n'était l'amincissement graduel vers le Sud, dont nous avons parlé plus haut. Cet amincissement se fait surtout sentir sur les assises arénacées à *Ostrea crassissima* du Burdigalien et de l'Helvétien.

Les failles, les éboulements, les effets de l'érosion atmosphérique et les anciennes invasions des sables éoliens, compliquent sur bien des points le raccordement des différents horizons le long de la côte, jusqu'au passage de Fonte da Pipa, [1] les difficultés augmentant à mesure que l'on s'avance vers le Sud, et on ne peut s'en rendre maître que grâce aux données paléontologiques.

La passage de Fonte da Pipa se trouve à une faible distance du lambeau le plus petit et le plus occidental, dont il a déjà été question, et sur lequel reposent les fortifications de Rapozeira et d'Alpena; en ce point on voit de nouveau les areolas de Mutella, qui s'y trouvent à une moindre altitude. En entrant dans la nouvelle route que l'on aperçoit, dès que l'on sort de ce passage, se dirigeant de Bôca do Grillo vers le Nord, parallèlement à l'escarpement, nous remarquerons à notre gauche la présence des areolas surmontées par les couches arénacées de couleur foncée de la base et de la partie moyenne de l'assise supérieure VII[b].

Les premières continuent à former le pied de l'escarpement et disparaissent un peu au Sud de Ponta do Cabedello, tandis que les secondes atteignent Foz do Rego et le dépassent même.

A 400 mètres au Sud de Tres Covas, nous voyons dans la falaise qui se prolonge jusqu'à Foz do Rego, un banc arénacé, jaunâtre, avec des taches ferrugineuses, constitué presque exclusivement par des échantillons de *Pecten scabrellus* faiblement agglomérés, semblable à celui que nous avons déjà vu dans l'escarpement de Casal das Rolas, au N.E. de Lisbonne. Ce banc n'est plus visible à environ 100 mètres au Sud de Foz do Rego, où il est masqué par les dunes.

En arrivant à Foz do Rego, nous pouvons vérifier à partir de la base de l'escarpement, sur le flanc Nord de cette coupure, la présence du complexe suivant, appartenant entièrement à l'assise VII[b]:

1. Sable fin, micacé, de couleur gris foncé, moins fin que les sables de Mutella à *Pecten scabrellus*.— Puissance 2 mètres.

2. Sable fin, jaunâtre, passant en partie à un grès fin, avec une grande abondance de moules de mollusques appartenant à de nombreuses espèces, telles que: *Ancillaria glandiformis, Marginella Estephania, Murex Sedgwicki, M. brandaris, Tudicla rusticula, Fusus* sp., *Protoma mutabilis, Turritella Delgadoi, Natica redempta, N. Josephinia, Scaphander lignarius, Solenocurtus Basteroti, Fragilia fragilis, Tellina lacunosa, Tapes vetula, Venus gigas, Pectunculus bimaculatus, Arca helvetica, Lucina borealis, Pecten fraterculus, Pecten tenuisulcatus, Pecten scabrellus* var. *macrotis.*— 1 mètre.

3. Sable micacé, gris de cendre, passant en partie à un grès fin analogue à couche 1, avec grands *Pinna* et abondance de *Pecten scabrellus* var. *macrotis.*— 6 à 7 mètres.

4. Grande agglomération du même *Pecten* dans du sable jaune ocracé.— 1 mètre.

5. Sable fine, gris cendré, micacée, avec petites bivalves.— 5 mètres.

6. Areola égale à la précédente avec de grands exemplaires de *Pecten Tournali.*— 1 mètre.

7. Grès fin, argileux, gris cendré et jaunâtre, avec petits *Pecten* et moules de divers autres mollusques.— 3 mètres.

8. Strate moins compacte d'areola jaunâtre et cendrée avec fossiles très bien conservés, parmi lesquels on distingue les espèces suivantes: *Conus tarbellianus, C. Mercati, C. Puschi, C. Dujardini? Ancillaria glandiformis, Mitra fusiformis, Buccinum Rosthorni, B. Caronis, B. mutabile, Ranella marginata, Tudicla rusticula, Cancellaria Barjonae, Pleurotoma ramosa, Turritella subarchimedis, T. Delgadoi, Xenophora Deshayesi, Acteon tornatilis, Natica redempta, N. Josephinia, Scaphander lignarius, Calyptraea chinensis, Polia legumen, Solenocurtus Basteroti, Glycimeris Faujasi, Thracia pubescens, Fragilia fragilis, F.* n. sp.*, Tellina planata* var. *lamellosa, T. compressa, T. lacunosa, Tapes vetula, Venus gigas, V. Brocchii, V. plicata, Cytherea pedemontana, Cardium hians, C. paucicostatum, C. discre-*

---

[1] On ne doit pas confondre cette localité avec l'autre portant la même dénomination et qui se trouve au bord du Tage tout près d'Almada.

pans var. *herculea,* *Lucina ornata, L. columbella, L. borealis, Cardita Jouanneti, C. scabricosta, Pectunculus bimaculatus, Arca helvetica, A. mytiloídes, Pecten Tournali, P. fraterculus, P. multistriatus, P. tenuisulcatus, P. scabrellus.*—0ᵐ,25.

Le sommet de la falaise est formé par des dépôts que nous supposons être plus récents et dont nous parlerons plus loin.

Un kilomètre au Sud de Foz do Rego nous rencontrons de nouveau la couche 8 de la coupe précédente, affleurant immédiatement au-dessus des sables des dunes, avec des fossiles bien conservés et surmontée de strates de grès à ciment marno-calcaire et d'areolas argileuses plus ou moins fines, en partie très fossilifères, contenant principalement des bivalves telles que: *Thracia, Tellina, Tapes, Venus, Cytherea, Cardium, Lucina, Cardita, Pectunculus, Arca, Pecten, Spondylus,* etc., en somme, la faune que nous avons mentionnée en parlant de cette même assise à Lisbonne et que nous avons vue à Foz do Rego, ayant *Ostrea crassissima* dans sa partie supérieure, mais ne formant pas de bancs, des Peignes, et de petits cailloux roulés, le tout ayant une puissance approximative de 8 mètres.

Ce complexe forme le complément à la coupe de Foz do Rego et avec cette dernière, représente une épaisseur de 30 mètres plus ou moins, qui est supérieure à ce que nous connaissons dans la falaise de Casal das Rolas, équivalent du complexe qui vient d'être décrit.

Cette puissance exceptionnelle est due vraisemblablement au grand développement des bancs de grès fin et areolas à *Pecten scabrellus* et grands *Pinna,* tandis que la base de la falaise du Rego ne montre pas la couche épaisse d'argile arénacée, très micacée, bleu foncé, contenant de nombreux exemplaires de *Turritella subarchimedis, Mytilus aquitanicus* et *Pleurotoma asperulata* et *Jouanneti,* que nous avons vu au Casal das Rolas; elle est en partie substituée au Rego par l'areola à *Pecten scabrellus* de couche 4.

Jusqu'auprès de l'étang d'Albufeira, la falaise continue à présenter des strates presque horizontales, il y a donc de nombreux points où l'on peut observer l'une ou l'autre des couches que nous venons d'étudier, mais elles ne se présentent qu'en groupes de faible épaisseur, à cause des sables des dunes qui masquent la falaise sur une grande extension et la recouvrent parfois totalement.

Nous retrouvons, par exemple, les strates à *Ostrea crassissima* et *Pecten* au nord de Descida das Vacas, et elles apparaissent à la base de la falaise à 1.200 mètres au Sud de ce passage et avant d'arriver au passage de José Joaquim.

A environ 300 mètres au Sud du passage d'Adiça, se trouve un banc de grès fin argileux, de couleur gris cendré, analogue à couche 7, et 300 mètres au Nord de l'ancienne mine d'or, nous voyons de bas en haut:

1. Areola foncée, argileuse, avec *Conus, Tapes, Venus, Lucina, Arca,* etc.—3 mètres.
2. Areola plus compacte, avec la même faune en bonne conservation.—1 mètre.
3. Grès fins, argileux, cendrés et jaunâtres, avec grandes huîtres, *Pecten,* etc.—4 mètres.

Plusieurs des meilleurs fossiles de nos collections proviennent de Rego et d'Adiça, où ils ont souvent conservé le test; les couches qui les contiennent sont équivalentes à celles de Cacella en Algarve.

Au dessus des couches précitées se trouve une areola très fine, jaunâtre, dépourvue de calcaire. Il est probable qu'elle ne fait plus partie de l'assise et appartient à l'assise de grès qui, dans cette falaise, présentent une puissance de 3, 4 à 6 mètres et sont intercalés entre le Miocène fossilifère et les sables grossiers et conglomérats d'Alfeite. Ces grès sont plus ou moins fins, tantôt argileux, tantôt ferrugineux de couleur grise ou sang de bœuf, et contiennent parfois des restes peu distincts de fossiles d'estuaire.

Cette zone dont nous avons reconnu la présence à l'intérieur, par exemple à Espadeiro, au Sud de Val-de-Morellos, à Sobreda, et sur d'autres points, est bien caractérisée dans les falaises maritimes entre les points précités, et réapparaît à Adiça, mais avec un aspect un peu différent.

Nous avons reconnu des affleurements analogues au Nord du Tage, par exemple à Alhandra, mais nous ne pouvons pas encore nous prononcer définitivement sur l'âge de ces sables. Leur position nous fait supposer que dans cette partie de la Péninsule ils représentent une phase de transition du Tortonien au Pliocène, équivalant peut être au Pontien ou au Messinien.

Au Sud de la mine d'or, sur une longueur d'environ 3 kilomètres, on continue à voir çà et là les dépôts de la partie la plus élevée de l'assise VII^b avec grands *Ostrea crassissima* (dont quelques-uns atteignent une longueur de 50 centimètres), et l'une ou l'autre des couches sous-jacentes.

Les sables des dunes prédominent, car c'est la partie de la côte où ils atteignent leur maximum d'altitude. A partir du dernier affleurement tertiaire, ils suivent vers le Sud jusqu'à l'étang d'Albufeira et de là jusqu'au Val-Grande, sur une extension de 3 kilomètres, sur laquelle il n'y a qu'un seul affleurement de Miocène (assise VII^b) avec les grands *Pinna* et *Pecten scabrellus*.

L'étang occupe la partie inférieure de la vallée d'Apostiça et, de même que d'autres étangs de notre côte maritime, doit son existence à ce que les sables littoraux forment un barrage que l'on doit ouvrir périodiquement pour permettre l'écoulement des eaux.

Pour compléter l'esquisse de l'escarpement maritime où se montrent les strates du Miocène marin, il nous reste à parler de la bande de plus de 4 kilomètres de longueur qui se trouve au Sud de l'étang d'Albufeira, entre l'embouchure du ruisseau d'Alfarim et Foz da Fonte, vers le cap d'Espichel.

Il est important de remarquer que, dans cette partie du littoral, les strates miocéniques sont relevées vers le Sud au lieu de plonger dans cette même direction, ce qui provient du redressement du Jurassique formant la Serra d'Arrabida.

Par conséquent à partir de Foz da Fonte en allant vers le Nord, on voit le Crétacique recouvert par les couches de grès calcarifère de la division II avec quelques variations de facies; elle correspond aux areolas de l'Avenue Estephania avec le *Pecten pseudo-Pandorae* qui y est abondant et avec les Turritelles et autres fossiles spathiques qui les caractérisent. Elles passent à la division III dans laquelle on a recueilli un exemplaire de *Aturia autri*, comme ce fut aussi le cas dans le Banco Real de Porto Brandão. Au-dessus de cette dernière succèdent les argiles de Forno do Tijolo avec *Pereiraia Gervaisi, Turritella terebralis* et *Pecten Josslingi*, et les grès à *Ostrea crassissima* de l'assise IV^b. La division V est représentée par les calcaires à *Pecten scabrellus* var. *scabriusculus*, *P. Kocki* (connu au Nord du Tage, mais de taille très réduite) et l'huître précitée, et la division VI l'est principalement par les grès à *Pecten Besseri* ou *planosulcatus* analogues à ceux que nous voyons dans la même division à la base de la falaise de Mutella; on y trouve aussi *P. revolutus*.

En dernier lieu, la division VII est représentée comme nous venons de le voir, entre l'étang d'Albufeira et Val-Grande, où elle contient de grands *Pinna* et *Pecten scabrellus*. Elle relie la série de strates de Foz da Fonte, Penedo, Bicas et Alfarim, inclinées vers le Nord, à la série Adiça, Rego et Costa de Caparica, dont l'inclinaison est opposée.

Nous reconnaissons que cette série présente quelques lacunes, principalement dans les assises supérieures, mais elles proviennent du recouvrement par les sables de quelques parties de la falaise.

Par contre, le Burdigalien inférieur (division I) n'est pas représenté à la base de la série, ce qui n'est pas surprenant, puisque nous avons déjà vu un fait analogue au N. N. O. de la Torre de S. Julião (rive Nord du Tage) où le Crétacique est immédiatement recouvert par les roches du Burdigalien moyen. Dans ces deux régions, la division I apparaît pourtant à 10 et 5 kilomètres à l'Est des points où la lacune se constate; c'est-à-dire au N. E. de Santa Anna, dans la route de Cezimbra, et dans la rive droite du Tage à Terrugem au N. E. de Paço d'Arcos.

Les falaises de Foz da Fonte, Penedo et Bicas sont peu accessibles et sont coupées par des dislocations et la bande étroite de sable qui les sépare de l'Océan est très obstruée par les éboulements.

Avant de finir cette partie, nous jugeons utile de donner les conclusions auxquelles est arrivé le Dr. Bleicher [1] en terminant l'examen de la collection des roches du Tertiaire marin du Nord et du

---

[1] Op. cit., p. 281 du t. III des *Communicações*.

Sud du Tage qui lui avait été envoyée en 1897 pour les étudier aux points de vue lithologique, microscopique et chimique:

«Les échantillons du Miocène inférieur et moyen sont tous nettement marins, et appartiennent à des formations littorales, plutôt que de mer profonde. Les éléments détritiques, sable quartzeux, fin, surtout, y jouent avec l'argile, un rôle important, mais qui varie suivant les échantillons; la proportion dans laquelle ils se trouvent mêlés avec le calcaire d'origine organique, test de coquilles, foraminifères, échinides, etc., est des plus variables. Dans certains échantillons, la proportion des éléments minéraux est minime, et ils sont presque entièrement formés de coquilles, ressemblant au calcaire grossier du Miocène du midi de la France, dans d'autres, la vase sableuse l'emporte au point que le sédiment mérite d'être qualifié de vaseux. La richesse en débris organiques a dû être, en général, très grande dans ces mers très agitées, et dans lesquelles les algues calcaires du type *Lithothamnium* ne paraissent pas avoir pu former de colonies bien florissantes, comme sur certains points du littoral algérien, dans les fonds miocènes.»

Se rapportant ensuite plus spécialement aux échantillons appartenant à la moitié supérieure de la série, il ajoute:

«Mêmes remarques à faire au sujet de l'alternance des vases avec les calcaires marneux coquillers, tous sédiments marins, très riches en débris animaux et qui nous paraissent si identiques avec ceux de la série précédente, qu'ils nous semblent à première vue synchroniques.

«Les foraminifères du type *Amphistegina*, les *Lithothamnium* en débris, y sont aussi représentés.»

RÉGION DE L'ARRABIDA ET DU SADO

De Azeitão à Setubal

Examinons maintenant les dépôts cénozoïques qui se trouvent sur les flancs des montagnes de l'Arrabida, de S. Luiz et de Palmella.

La formation de ces montagnes a eu, sur les strates tertiaires, une action analogue à celle qu'elle a exercée à Foz da Fonte, mais beaucoup plus énergique, car ces strates plongent vers le Nord et le N.E. sous un angle de 20 à 30°.

En allant des falaises de l'Océan vers l'Est, on rencontre quelques lambeaux du Burdigalien ou de l'Helvétien pointant au milieu du recouvrement pliocénique ou récent. Un de ces affleurements commence à la ligne des côtes (Seixalinho), d'autres se trouvent au Sud des villages de Meco et d'Alfarim. [1]

Ce n'est pourtant qu'à partir de Matta do Rei (Caixas) qu'apparaissent les divisions I et II qui s'étendent vers le E.N.E. presque sans solution de continuité au pied de collines formées par le conglomérat oligocénique; ils affleurent aussi à travers les dépôts plus modernes dans les ravins qui se dirigent vers l'étang d'Albufeira et la vallée d'Apostiça.

A Santo Antonio de Maçã et surtout à partir du flanc droit du ruisseau de Coina, le versant septentrional de l'Arrabida présente une zone de roches rougeâtres, atteignant l'altitude de 160 à 200 mètres, formée par les conglomérats oligocènes et sur un plan inférieur se trouvent les deux divisions précitées du Miocène marin, s'étendant parallèlement à la route royale qui conduit de Villa Nogueira d'Azeitão à Portella das Necessidades.

Depuis ce point, le Tertiaire marin est sur un plan plus élevé que le conglomérat, et suit la même direction par Camarate, Senhora das Brotas, Serra de S. Francisco, Fonte do Sol, Cruzeiro, Bacellos, Anjo et Serra do Louro, jusqu'au versant occidental de la colline de Palmella. L'altitude maxima est de 259 mètres à Serra de S. Francisco; c'est l'altitude la plus haute que le Miocène atteint dans la péninsule de Setubal et c'est probablement l'altitude maxima du Miocène marin portugais, car sur le versant de Lisbonne, la cote plus haute, Alto da Boa Vista au S.E. de Ponte de Friellas, n'atteint que 162 mètres et en Algarve, on ne connait pas d'affleurement supérieur à 114 mètres.

La plus grande largeur de cette zone tertiaire est d'environ 3 kilomètres entre Villa Nogueira d'Azeitão et les hauteurs de Picheleiro, et son extension est de près de 25 kilomètres. Elle comprend des terrains accidentés, très fertiles et bien pourvus d'eau.

Les profils exécutés en différents points montrent qu'à l'Ouest de Villa Nogueira, les dépôts marins n'appartiennent qu'aux divisions I et II; les plus anciennes étant toujours au maximum d'altitude et plongeant vers le Nord sous un angle de 20 à 30°. Ils sont superposés aux conglomérats oligocènes qui eux mêmes s'appuient sur le Crétacique.

[1] La distribution géographique des affleurements mentionnés dans ce chapitre est faite d'après les feuilles 27 et 28 de la carte chorographique à l'échelle de 1:100.000, coloriées géologiquement par Carlos Ribeiro, du temps de l'ancienne Commission géologique.

Par contre à mesure que l'on s'éloigne de Portella en direction du N. E., vers Quinta do Anjo, nous reconnaissons successivement les divisions III et suivantes, jusqu'aux termes supérieurs de la série.

Revenant à Azeitão et prenant la route qui conduit de Portella das Necessidades à Setubal par Brancanes, entre les montagnes de S. Luiz et de l'Arrabida, nous voyons réapparaître le conglomérat oligocène à droite et à gauche, dans une bande dont la largeur ne dépasse pas 500 mètres, tandis que la longueur atteint près de 5 kilomètres. Sur le versant mériodional de la montagne de S. Luiz, ces conglomérats sont surmontés par les couches du Tertiaire marin que nous verrons depuis Rego d'Agua, d'où elles se prolongent par Penna, Rotura, Quinta dos Bonecos et Brancanes. De ce point le Tertiaire fait une courbe brusque vers le Sud, en s'appuyant contre la colline jurassique de Viso, à l'Ouest de la ville de Setubal.

A 1500 mètres au S. S. O. de la ville, au fort d'Albarquel, se trouve un lambeau de Tertiaire marin et d'Oligocène, fortement disloqués; ce dernier qui s'étend jusque vers Ajuda, a une longueur de près d'un kilomètre.

Enfin le Tortonien forme deux affleurements étroits, rapprochés l'un de l'autre, à Portinho d'Arrabida, au pied de la falaise, sur une longueur totale de près de 3 kilomètres.

Dans l'affleurement de la montagne de S. Luiz, les couches les plus inférieures du Burdigalien, divisions I et II, s'observent par exemple entre Rotura et Nena et les couches supérieures de l'Helvétien à Rego d'Agua, à mi hauteur de la montagne et plus à l'Est de celle-ci, à Quinta dos Bonecos, Brancanes, etc.

Les dislocations ont été violentes, les strates se relevant de 60 à 70° entre les montagnes d'Arrabida et de S. Luiz, comme on peut le voir dans le profil III de Mr. Choffat dans son *Aperçu de la Géologie du Portugal*, déjà cité.

Dans la région de l'Arrabida, la faune miocénique ne se montre pas aussi bien représentée qu'à Lisbonne et sur la rive gauche du Tage, et les fossiles sont en général privés de leur test. En outre, plusieurs formes caractéristiques ou fréquentes, à Lisbonne, n'apparaissent pas dans la dite région, où y sont fort rares. Nous citerons comme exemple *Pereiraia Gervaisi* dont les moules sont très abondants sur les deux rives du Tage, tandis que nos collections n'en contiennent qu'un exemplaire en mauvais état provenant de Rego d'Agua.

A ce sujet nous remarquerons que c'est à Mr. Delgado que sont dues les premières recherches sur les fossiles d'Azeitão. Nous avons grandement utilisé ses listes inédites sur la faune tertiaire des deux rives du Tage, qui dâtent de l'ancienne Commission géologique. Elles contiennent aussi près de 50 espèces et variétés de mollusques à l'état de moules, provenant d'Azeitão et appartenant à l'assise de *Venus Ribeiroi* (Burdigalien inférieur).

La roche de la contrée est en général d'une monotonie desespérante, c'est un grès calcareosiliceux ou marno-calcaire, très dur, de grain mi-fin, de coloration peu accentuée. Ce n'est que dans les marnes à *Venus Ribeiroi*, que l'on observe un facies plus ou moins analogue à celui des mêmes couches à Lisbonne et dans ses environs.

L'étude de la région d'Arrabida est par conséquent assez embarrassante, surtout si l'on considère les profondes dislocations qu'elle a subie.

Palmella

Par suite des dislocations précitées, la colline de Palmella s'élève abruptement au N. E. du massif principal de la chaine de l'Arrabida, au dessus du terrain pliocène qui l'entoure de trois côtés; son altitude maxima est de 240 mètres. On peut la considérer comme le contrefort le plus oriental de la chaine.

Dans une coupe menée de l'Est à l'Ouest, à partir de Quinta d'Ares, près de la nouvelle route qui relie Setubal à la station de Palmella, nous avons constaté la présence en ordre ascendant des strates des divisions supérieures, représentées principalement par des roches plus ou moins résistantes de grès siliceux et de grès calcaires, de grain plus ou moins grossier, de couleur jaune ocre intense, avec des taches ferrugineuses, ou de couleur plus claire, ou blanchâtre, avec quelques lits marneux ou argileux à la base.

Toutes ces roches sont peu fossilifères, si on les compare à celles de Lisbonne, néanmoins on y trouve fréquemment des représentants des genres *Ostrea* et *Pecten*, les plus caractéristiques des différentes assises, tandis que les Gastéropodes n'y figurent pas dans la même proportion; dans les couches du sommet de la colline, nous avons récolté quelques moules appartenant aux genres *Conus, Ancillaria, Buccinum, Pyrula, Xenephora, Natica, etc.*

Il ne nous a été possible de récolter que quelques rares exemplaires, en très mauvais état, de *Cardita Jouanneti,* généralement si abondante, par exemple à Rego, à Adiça et que l'on trouve aussi aux environs de Lisbonne et à Mutella.

Pour ce qui concerne les *Échinides,* on a recueilli dans l'assise VII[b] quelques rares exemplaires de *Psammechinus dubius* Ag.

Sur une extension d'un kilomètre que présente cette coupe, sur laquelle les strates s'inclinent vers le N.N.O. sous des angles de 10 à 15°, et plus, on trouve les équivalents des assises helvétiennes de Xabregas et de Grillos, et en continuant la série ascendante, jusqu'à l'assise (VII[b]) de Cabo Ruivo.

Une autre coupe a été faite au pied sud de la colline jusqu'à la hauteur du château, à partir d'un affleurement jurassique. Les strates ont une épaisseur de près de 100 mètres et nous montrent plus de diversité que dans la première coupe, car elle contient presque tout l'Helvétien inférieur à partir du toit de l'assise V[a], et tout le reste de la série, jusqu'au Tortonien inclusivement.

Ici l'inclinaison des couches est plus forte, quoiqu'elles plongent aussi vers le N.N.O.

D'après la carte de Carlos Ribeiro, les couches miocènes s'étendent vers le Nord jusqu'aux environs de Carrascaes, où elles disparaîtraient sous le Pliocène, et du côté de l'Ouest, la colline de Palmella est séparée de celle de Louro (de même composition) par une faille mise à profit pour le passage de la route qui conduit de Setubal à Barreiro.

Vers le Sud, la colline est limitée par la plaine de Palmella, de près de 4 kilomètres de longueur sur 1 ½ de largeur, dont le sol, formé par le Pliocène et le Quaternaire, est d'une grande fertilité et jouit d'une grande fraicheur; il forme un paysage riant, s'étendant à travers les champs de Bomfim et la ville de Setubal jusqu'au bord du Sado.

DE PALMA À ALCACER DO SAL ET FERREIRA DO ALEMTEJO

Dans la première partie de ce chapitre nous avons donné quelques indications sommaires sur les affleurements tertiaires situés sur les deux flancs de la chaîne de l'Arrabida; nous passerons maintenant aux affleurements situés dans le bassin du Sado, en nous dirigeant du Nord-Ouest vers le Sud et le Sud-Est.

Le Sado prend naissance dans la montagne paléozoïque de S. Martinho, dans le Bas-Alemtejo, mais, sauf à son origine, son lit est presque entièrement creusé dans les terrains Néogènes anciens et récents, ces derniers prédominant à en juger par la carte géologique.

C'est principalement sur sa rive droite ou dans ses affluants qui l'on peut observer des affleurements de Miocène marin, les plus importants étant épars dans une aire considérable. Ce sont ceux de Palma, de la serra dos Clerigos jusqu'au voisinage d'Alberge et de Moitinha, celui d'Alberge à Val-de-Reis et ceux d'Alcacer do Sal à Varzea da Ordem.

L'affleurement le plus septentrional serait celui de Lavre, au N.E. de Vendas Novas, qui appartient encore au bassin du Tage; ses fossiles le font rapporter à l'Helvétien ou au Tortonien.

Deux autres se trouvent beaucoup plus au Sud sur le versant méridional du val de Marateca, au Nord de Palma.

Le petit affleurement de Montalvo est indiqué à environ 10 kilomètres au Sud de Palma, sur la rive gauche du Sado, ce qui est aussi le cas pour les affleurements de Valverde, Maceira et autres, situés au Nord de Val-de-Guizo.

Dans la région moyenne du bassin du Sado à environ 40 kilomètres à E.S.E. d'Alcacer do Sal, le Miocène marin se montre aussi sur différents points dans les environs d'Odivellas, comarca de Ferreira do Alemtejo, et est aussi indiqué à Alvallade, à 28 kilomètres au S.O. de Ferreira et à 22 kilomètres d'Aljustrel.

On trouve quelques petits affleurements de Tertiaire marin en dehors du bassin du Sado, sur le littoral, auprès de l'étang de Melides à 32 kilomètres au Sud-Ouest d'Alcacer do Sal, et aussi beaucoup plus au Sud, près d'Aljezur. Ces derniers appartiennent déjà à l'Algarve.

Après cette énumération sommaire, nous mentionnerons les données que nous avons extraites des collections de fossiles faites lors de l'ancienne Commission géologique, ainsi que celles qui nous ont été fournies par MM. Delgado et Choffat sur plusieurs affleurements de la région.

C'est sur les deux rives du cours moyen de la rivière de S. Martinho, qui se déverse dans le Sado en face de Montalvo dans la «Bôca de Palma», que se trouve le groupe d'affleurements le plus considérable, que nous dénommerons Palma — Serra de Palma et Serrinha; [1] il est constitué par un dépôt de calcaire, de grès et de marnes.

Une coupe faite par Mr. Choffat dans la carrière de Covões (1400 mètres à S.E. de la Quinta de Palma), montre ces roches fortement relevés, avec une puissance approximative de douze mètres. Nous y reconnaissons l'existence de l'Helvétien supérieur, assises VI[b] et VI[c], prouvée par des fossiles que l'on rencontre à Lisbonne et à serra de S. Luiz.

Les *Pecten* de diverses espèces y sont abondants, et le calcaire jaune, très dur, de 2 à 3 mètres d'épaisseur, que l'on observe au milieu de la coupe, est exploité comme celui de Marvilla. Il y a aussi un banc d'argile gris cendre, visible sur une épaisseur de 1 mètre et qui doit correspondre à un des bancs intercalés dans les grès de Grillos (VI[b]), par exemple à Mutella.

La surface du sol présente de nombreuses huitres de grande taille, roulées et brisées. Un exemplaire que j'ai sous les yeux doit appartenir à *Ostrea lamellosa* ou *O. crassicostata*.

Dans une autre carrière, à 2 mètres au Nord de la Quinta de Palma se trouvent aussi les couches de Marvilla, représentées également par une grande quantité de Pectinidés, tels que *Pecten Tournali*, grande et petite variété, *P. fraterculus* très abondant, *P. Josslingi* var. *laevis*, *P.* aff. *paulensis, P. multistriatus, Tellina planata, T. lacunosa, Conus* sp. ind., *Protoma mutabilis* et d'autres formes de l'assise VI[c].

Dans la vallée, à E.N.E. de Palma, à Fangarrifão, à Torrejão et au pied de la montagne dévonique de Serrinha se trouve une assise de grès blancs à *Ostrea crassissima*. Il est probable que ces roches appartiennent aux assises V[b] et V[c] et nous devons en dire de même par rapport aux grès et aux calcaires blancs, avec rares moules de fossiles, qui se rencontrent au S.S.O. de Casal da Volta entre les montagnes dévoniques de Serrinha e de Palma.

Ces roches marines sont séparées des schistes paléozoïques par des conglomérats tertiaires, formant des bandes plus ou moins larges, tandis que les sables pliocènes entourent le tout et le recouvrent en partie.

La plus grande extension de Tertiaire marin dans les affleurements de Palma à Serrinha n'atteint pas 10 kilomètres.

[1] Mr. Choffat a fait remarquer que dans la carte géologique, les affleurements de Tertiaire des environs de Palma, intercalés entre le Paléozoïque et le Miocène marin, sont des conglomérats qui devraient porter la couleur jaune foncé de l'Oligocène, comme c'est le cas dans l'Arrabida.

Nous n'avons pas de fossiles provenant de la longue bande de Tertiaire marin qui s'étend du Nord au Sud depuis Gorgolim de Cima et Serra dos Clerigos jusque près de Alberge et du signal géodésique de Moitinha, c'est-à-dire à l'Est du groupe précédant; par sa position nous supposons qu'il appartient au moins en partie à l'Helvétien supérieur de Palma. Cet affleurement n'a pas 200 mètres dans ses points les plus étroits, mais il aurait 1700 mètres de l'Est à l'Ouest à son extrémité mériodionale entre Alberge et Moitinha, à en juger par la carte géologique.

D'après la même carte il y aurait à un niveau inférieur à l'affleurement miocène, du côté de l'Ouest, beaucoup d'affleurements de conglomérat. La plus grande altitude du Tertiaire marin sur la montagne dos Clerigos est de 100 mètres; à son extrémité méridonale il n'aurait que 64 mètres.

Immédiatement au Sud du précédent se trouvent les affleurements de Val-de-Reis à Alberge. Le premier point présente une banc calcaire à fossiles spathiques qui, à Lisbonne, appartient au Tortonien supérieur. Il contient les espèces suivantes: *Ancillaria glandiformis* (abondant), *Murex trunculus* (grand exemplaire), *Protoma mutabilis, Pleurotoma Jouanneti, Natica catena, Pectunculus binaculatus, Arca turonensis, Pecten Tournali, P. multistriatus, Ostrea lamellosa, O. crassissima, Anomia costata.*

A S. Lourenço on trouve l'*Ostrea crassissima* très roulé, du toit du Tortonien, et à Alberge on a recueilli le grand *Pecten Tournali* analogue à ceux des dépôts de Val-de-Reis.

A environ 5 kilomètres au Sud de cette dernière localité se trouvent les affleurements d'Alcacer do Sal et de Foz et à 3 kilometres à l'Est d'Alcacer, l'affleurement de Varzea da Ordem.

On voit par une coupe que nous croyons avoir été faite du haut en bas à environ 150 mètres à l'Ouest de l'église d'Alcacer, qu'il y a au dessous d'une certaine épaisseur de strates peu fossilifères dont nous ne pouvons pas préciser rigoureusement le niveau, mais que nous supposons être du toit de l'assise VII[h], diverses couches de sable fin argileux (areola) et de molasse dure, avec beaucoup de moules et d'impressions de *P. scabrellus* var. *macrotis*, analogues à ceux qui caractérisent la partie moyenne et inférieure de cette assise par exemple à Foz do Rego, accompagnés de petits *Ostrea digitata* et *Anomia costata;* à la base on trouve des fragments d'*Amphiope.*

Au lieu dit Foz, à l'Est d'Alcacer, dans la route de Santa Suzanna, se trouve une épaisseur de 7 à 8 mètres de grès calcaires et de marnes, avec de rares fossiles peu distincts, ayant un peu au dessus du milieu de la hauteur une couche avec de grands *Ostrea crassissima.*

A 4 kilomètres à l'Est d'Alcacer do Sal, dans la tranchée de la nouvelle route, on observe de bas en haut du calcaire aréncé dont la puissance ne doit pas être inférieure à 15 mètres, surmonté par un grès blanc, grossier, peu cohérant, de 3 mètres d'épaisseur et une assise de sable mi-fin, de 0ᵐ,80.

Ce complexe de près de 20 mètres d'épaisseur, d'origine limnique, est couvert par un banc mince de grès argileux, dur, de couleur jaune, à petite taches noirâtres, contenant quelques moules et impressions de petits *Pecten multistriatus, Ostrea digitata* et *Balanus.* Au dessus on voit une couche de 4ᵐ,50 d'épaisseur formée de grès fins, argileux, verdâtres avec les mêmes fossiles, *Ostrea digitata* étant abondante à la base tandis que le sommet présente de nombreux échantillons d'huîtres très épaisses analogues à celles de Val-de-Reis. Ce complexe est surmonté par des grès rouges et des grès blancs grossiers et en partie aussi par des sables fins qui n'appartiennent probablement pas au groupe de strates marines sur lesquelles ils reposent.

Au Nord de Val-do-Guizo, à Maceira, on rencontre aussi les grandes huîtres.

Malgré l'insuffisance des données, par rapport à différents points, cette brève notice permet de tirer les conclusions suivantes:

L'Helvétien supérieur est représenté dans les environs de Palma par des strates analogues à celles de Marvilla, et au N.E., E.S.E. et à l'E. on rencontre des strates appartenant à l'Helvétien inférieur et supérieur.

Les affleurements de Val-de-Reis et entre S. Lourenço et Alberge doivent être rangés partiellement dans le Tortonien supérieur (VII[b]) de même que ceux d'Alcacer do Sal, de Foz, de Varzea da Ordem et de Maceira.

Quant à Alcacer, nous devons observer que les anciennes collections contiennent divers fossiles portant la simple mention «Alcacer do Sal», sans que le point de provenance soit exactement précisé. Ce sont des formes analogues à celles de l'Helvétien, parmi lesquelles nous reconnaissons de petits fragments d'*Amphiope*, genre d'Échinide qu'il ne nous a pas été donné de rencontrer dans le Tortonien, tandis que *Amphiope palpebrata* Pomel se trouve à Marvilla. Il est par conséquent à peu près hors de doute que l'Helvétien supérieur se trouve représenté à Alcacer ou dans ses environs immédiats, et la présence du Tortonien est démontré par *P. scabrellus* var. *macrotis* dans la coupe près de de l'église, les fragments d'*Amphiope* récoltés à la base rapprochant celle-ci du niveau où on a récolté les fossiles qui portent simplement l'étiquette «Alcacer do Sal».

A 40 kilomètres au S.E. d'Alcacer, se trouve un affleurement de terrains tertiaires entouré par les porphyrites et diorites du Bas-Alemtejo. En 1894 Mr. Delgado y a reconnu du Miocène marin sur la côte de Esbarrondadoiro, 3500 mètres à l'Ouest d'Odivellas.

En gravissant depuis le fond de la vallée d'Odivellas on rencontre la diorite plus ou moins décomposée sur une épaisseur de 6 à 8 mètres, puis un lit de marne rouge, très dure, à cassure conchoïdale identique à celle que nous avons souvent remarqué dans l'Oligocène de Nova Cintra, Palma de Cima et autres localités des environs de Lisbonne et à Picheleiro près d'Azeitão. Ce lit sert de base à une couche de marne et de grès de même couleur, plus ou moins foncée.

Le dépôt miocène qui lui succède est un complexe de strates de grès très grossier et de strates d'argile avec empreintes de végétaux contenant un banc à ciment marno-siliceux dans lequel abondent les moules de mollusques, principalement les Pélécipodes dont quelques-uns sont remarquables par leurs dimensions. Tels sont: *Glycymeris Faujasi*, *Tellina lacunosa* et *Cytherea pedemontana*, cette dernière atteignant 15 ¹/₂ centimètres de diamètre antéro-postérieur. C'est le plus grand exemplaire de ce genre qui soit venu à notre connaissance.

Les principales espèces de cette faunule sont: *Buccinum conglobatissimum*, *Turritella subarchimedis*, *T. Delgadoi*, *Solen siliquarius* var. *lusitanensis*, *Solenocurtus Basteroti*, *S. coarctatus*, *Glycymeris Faujasi*, *Lutraria oblonga*, *Tellina planata* var. *lamellosa* (exemplaires énormes), *Tellina (Arcopagia) ventricosa* var. *triangula*, *Tapes vetula*, *Venus gigas*, *V. multilamella*, *Cytherea pedemontana*, *C. erycina*, *Cardium hians*, *Arca helvetica*, *Pecten* sp. et *Anomia costata*.

A première vue on remarque que cette faunule est composée d'espèces typiques du Tortonien de Cacella et de Lisbonne. Le lit à végétaux fossiles est à 1ᵐ,50 au dessous du lit marin.

On observe encore 1 à 5 mètres de sable fin micacé (areolas) avec des moules de *Turritella subarchimedis* et au milieu de ce sable on voit un lit d'argile avec des valves séparées d'huîtres du groupe d'*Ostrea lamellosa*.

Le toit est formé par un dépôt de grès rouge sombre dont le grain est d'abord de taille ordinaire, puis contenant de gros débris de quartzites. Ce grès n'a pas moins de 10 mètres d'épaisseur; il sert de fondement au signal géodésique d'Esbarrondadoiro.

Sur la nouvelle route de Ferreira à Torrão, à 1900 mètres à O.N.O. du signal de Gravitosa, se trouve la répétition du complexe précédent, mais il affecte un autre facies. Les couches à gros moules de mollusques et à végétaux n'apparaissent pas, mais on voit les petits moules dans les sables fins recouverts par le grès rouge formant le toit du complexe précédemment décrit.

Au N.O. du «Monte das Caneiras Grandes», situé à 2500 mètres au S.O. d'Odivellas, Mr. Delgado a observé une marne gris foncé reposant directement sur les diorites; cette marne, qui doit correspondre à la couche argileuse d'Esbarrondadoiro, contient de grands exemplaires d'*Ostrea lamellosa* et d'*O. crassissima* et est recouverte par des grès grossiers de couleur rouge.

Ces huitres se rencontrent sur différents points de la région et fournissent des points de reférence importants, comme le fait remarquer Mr. Delgado.

La faune que nous venons d'étudier montre que l'aire tertiaire limitée par les porphyrites et diorites de Ferreira appartient au Tortonien VII[b], en séparant toutefois les dépôts supérieurs d'origine plus moderne, dont la classification ne rentre pas dans le cadre de cette esquisse ainsi que nous l'avons déjà dit.

Les affleurements de la région de Ferreira do Alemtejo sont ceux du bassin du Sado qui se trouvent les plus éloignés de la côte maritime actuelle, la distance maxima à vol d'oiseau étant de 65 kilomètres.

Le lambeau de Lavre signalé plus haut appartient au bassin du Tage. Il est à 75 kilomètres de la côte, et les petits dépôts à *Ostrea crassissima* et *O. gingensis* de la rive droite de ce fleuve compris dans le Miocène lacustre des environs d'Azambuja et à Mattão, sont respectivement à 47 et 41 kilomètres de l'Océan.

Au S.E. d'Alvalade, vers la jonction de la rivière de Campilhas et du Sado, à 40 kilomètres de la région de Ferreira, le Miocène est représenté par un dépôt d'*Ostrea crassissima*, ce qui est aussi le cas au N.E. du signal géodésique d'Atalaya 2ᵃ, à l'E.N.E. d'Alvalade.

Nous avons déjà parlé de la présence du Tortonien dans le littoral, à une faible distance de l'église de Melides. Il consiste en un grès et des sables clairs, contenant beaucoup de fossiles en très mauvais état de conservation. Les exemplaires de *Cardita Jouanneti* et de *Pecten scabrellus* var. *macrotis* sont fréquents; on y voit aussi des exemplaires de grandes *Ostrea crassissima* et de *Balanus*.

Quant aux autres lambeaux du littoral, situés beaucoup plus au Sud, près d'Aljezur, nous ne les connaissons que par quelques empreintes de fossiles dans un grès calcaire et par quelques autres données qui nous font supposer que l'on peut les attribuer à l'Helvétien supérieur ou au Tortonien.

ALGARVE

Les strates du Néogène ancien et récent occupent presque tout le littoral de l'Algarve, de l'Ouest à l'Est, en contact avec le grand affleurement de roches secondaires connu sous le nom de Barrocal, intercalé entre le littoral et la région montagneuse, la plus vaste des trois, et constituée presque uniquement par des schistes de l'âge carbonique. Ajoutons que des lambeaux de Tertiaire existent aussi dans le Barrocal.

Les roches éruptives ne forment qu'une bien faible partie du sol de cette province, car elles ne sont représentées que par l'important massif de Monchique, dont le sommet atteint l'altitude de 902 mètres, formé par la foyaïte, et par un certain nombre de filons et de masses relativement petites, ophite, teschenite et basalte, se trouvant principalement à la limite entre le Barrocal et la région montagneuse.

Les preuves des phénomènes tectoniques, anciens et modernes, sont assez fréquentes, sans compter les nombreuses fentes plus ou moins parallèles à la côte, qui s'observent à l'extrémité occidentale, et qui ont parfois causé des affaissements considérables. Ces accidents tectoniques compliquent, d'après Mr. Choffat, l'étude de la région, et l'on ne doit par s'imaginer que les strates qui forment le sol se succèdent comme les tuiles d'un toit, car elles sont disloquées par les voûtes des failles et présentent en outre de curieux effets de transgressivité. [1]

On peut dire d'une façon générale que les principaux groupes d'affleurements du Miocène marin de la région littorale ou de son voisinage immédiat, sont ceux des environs de Lagos jusqu'auprès d'Albufeira, et de ce point jusque près de Quarteira, ceux du N.N.E. de Faro, ceux de l'Est de Olhão et de Tavira et celni de Cacella.

Un coup d'œil sur la dernière édition de la Carte géologique donne une idée de la distribution du Miocène marin en Algarve, mais sa superficie serait beaucoup plus grande sans des recouvrements étendus, formés par des sables pliocènes, quaternaires et récents qui, sur plusieurs points, ne permettent de reconnaitre le Miocène que dans les falaises de l'Océan et sur les versants des collines.

Le Miocène marin repose en règle générale sur le Crétacique ou sur le Jurassique, et est formé soit par de la molasse plus ou moins consistante dont les fossiles sont à l'état de moules ou munis de leur test, soit par des sables fins, micacés, jaunes ou gris, plus ou moins argileux.

En plus de cette molasse et de ces sables fossilifères, il y a d'autres dépôts, sans fossiles, qui sont probablement du même âge, mais dans lesquels la décalcification lente par les infiltrations a peu à peu fait disparaître les fossiles, à moins qu'il n'y en ait jamais eu. En tous cas il sera toujours très difficile de faire la distinction entre ces sables et d'autres, plus récents, tertiaires ou quaternaires, qui se trouvent en partie contigus, distinction qui devra être faite lorsqu'on passera à l'étude détaillée du groupe cénozoïque de l'Algarve. (Op. cit., p. 228.)

---

[1] Voir *Recherches sur les terrains secondaires au Sud du Sado*, par P. Choffat in *Communicaçôes*, t. I, p. 225-228. Lisbonne, 1883-1887.

Laissant de côté les trois petits affleurements isolés de molasse calcaire du N.E. de Sagres, de Ponta do Zavial et de Ponta do Burgau, l'affleurement le plus occidental présentant une certaine étendue s'observe depuis la colline «das Mós» par la Ponta da Piedade jusqu'à Lagos. On rencontre ensuite ceux du Val-da-Lama, ao Nord de l'ancien passage de la rivière d'Alvôr, de S. João das Donas, du Facho et de Villa Nova de Portimão.

A l'Est de l'estuaire de la rivière de Silves, nous voyons les affleurements de Ferragudo, continuant par la ligne de côte jusqu'au cap Carvoeiro, et de ce dernier point jusqu'auprès d'Armação de Pera, sur une extension de 7 kilomètres. En dehors de cette ligne de côte, et à une distance plus ou moins grande, on voit les lambeaux d'Estombar, de Lagôa, d'Alcantarilha, de Pera, et plus à l'intérieur ceux de Villa Fria, d'Alfarrobeira, de Monte Ruivo et de Chaminé à l'Ouest et au Sud de S. Bartholomeu de Messines. L'affleurement d'Alfarrobeira est celui d'où l'on connaît la plus haute altitude de la roche miocène de l'Algarve; elle n'est pourtant que de 114 mètres.

Le Miocène apparaît de nouveau sur le littoral, à peu de distance à l'Ouest du bourg d'Albufeira, entre Sesmarias et Balieira, mais l'affleurement est de suite interrompu vers l'Est par un lambeau de Mésozoïque sur lequel cette localité repose en partie, puis le Miocène forme de nouveau les falaises sur une étendue de près de 10 kilomètres jusqu'auprès de l'embouchure de la rivière de Quarteira. Il affleure de nouveau à 10 kilomètres plus à l'Est, au lieu dit S. Lourenço.

En continuant vers l'Est, nous voyons le Miocène dans la partie orientale de la province, à Bella Coral et ses environs au N.E. de Faro; à environ 2 kilomètres d'Olhão, sur la route de Tavira, au pont de Marim, à Moncarapacho, au Nord de l'affleurement crétacique de Fuseta, au Calhau, à l'Ouest de Luz et au Sud et à l'Est de cette localité, limitant un autre affleurement crétacique et constituant le sol sur une extension de 8 kilomètres et une largeur de 2 à 3, jusqu'aux environs de Tavira, réapparaissant enfin à Cacella, où il forme un affleurement important.

L'examen des fossiles existant dans les collections du Service géologique montre que l'Helvétien et le Tortonien sont bien représentés en Algarve, le premier à l'Ouest et au centre et le Tortonien à l'Est. Par leur excellente conservation et l'abondance des espèces et des individus, les fossiles de ce dernier étage offrent une représentation fort typique de notre Miocène marin.

Les fossiles suivants ont été recueillis dans l'Helvétien de Serro das Mós près de Lagos; ils sont tous à l'état de moules, sauf les ostracés: *Conus Sharpeanus*, *Conus* sp. ind., *Oliva flammulata*, *Voluta* sp. ind., *Terebra cacellensis?*, *Buccinum Caronis*, *Strombus nodosus?*, *Murex* sp. ind., *Tudicla rusticula*, *Pyrula cingulata*, *Protoma mutabilis*, *Turritella terebralis*, *T. subarchimedis*, *T. Delgadoi*, *Turbo rugosus*, *Xenophora Deshayesi*, *Natica* sp. ind., *Glycymeris Faujasi*, *Pholadomya* sp. *Lutraria oblonga*, *Tellina lacunosa*, *Venerupis rupestris*, *Tapes vetula*, *Tapes* sp. ind., *Venus burdigalensis*, *Cytherea erycina*, *Cardium hians*, *C. discrepans*, *C. oblongum*, *C. multicostatum*, *Lucina miocenica*, *Cardita Jouanneti* (fort rare), *Pectunculus* sp., *Meleagrina phalaenacea*, *Pecten subarcuatus?*, *P. cristatocostatus*, *P. Tournali*, *P. latissimus*, *P. burdigalensis*, *P. scabrellus* var. *scabriusculus*, *P. scabrellus* var. *triangularis*, *P. (Flabellipecten)* n. sp., *Spondylus crassicosta*, *Ostrea lamellosa*, *Spondylus crassicosta*, *Anomia costata*.

La faune du Tortonien de Cacella comporte plus de 300 espèces et variétés de Gastéropodes et de Pélécypodes.

On trouvera plus bas la liste d'un bon nombre de ces espèces, dont la détermination se rencontre soit dans les deux fascicules publiés en 1866–67, soit dans l'Explication des planches du fascicule présent, soit enfin dans diverses listes inédites ou imprimées, faites à différentes époques par le personnel du Service géologique. Vu l'importance incontestable de cette riche faune, nous croyons utile d'en donner une liste compilée, en le faisant sous toutes réserves, car plusieurs des anciennes déterminations ont besoin d'une soigneuse revision.

Les gisements les plus explorés sont à une faible distance de la mer, sur les bords du ruisseau, plus bas que le pont de Cacella. Ils sont formés par des sables fins, micacés, jaunâtres et gris cendre, qui en ce point n'ont pas plus de 3 mètres d'épaisseur.

Le dépôt inférieur, qui est le plus foncé, contient de nombreux cailloux roulés; un deuxième lit de peu d'épaisseur se trouve vers le sommet.

Les sables de Cacella reposent dans cet affleurement sur des grès et des marnes rouges, triasiques et infraliasiques, auxquels Mr. Choffat a donné la dénomination de grès de Silves. Ces grès jouent un grand rôle d'un bout à l'autre de la province, mais à Cacella leur affleurement est de dimensions si exiguës qu'il n'a pas pu être indiqué dans la Carte géologique.

La faune de cette localité est analogue à celle des dépôts de Braço de Prata, Cabo Ruivo, Foz do Rego et Adiça.

Quelques espèces, comme par exemple: *Voluta Lamberti, Halia (Priamus) Deshayesiana, Cerithium dertonense, C. ediculinum,* sont spéciales à la région, et n'ont pas encore été rencontrées, que nous sachions, dans le bassin tertiaire du Tage.

FOSSILES DE CACELLA

Conus betulinoides Lam.
»   *cacellensis* Costa.
»   *Berghausi* Micht.
»   *Mercatii* Br.
»   *subraristriatus* Costa.
»   *avellana* Lam.
»   *ventricosus* Bronn.
»   *tarbellianus* Grat.
»   *Sharpeanus* Costa.
»   *Puschi* Micht.
»   *Dujardini?* Desh.
»   *Eschewegi* Costa.
»   *Broteri* Costa.
»   *catenatus* Sow.
Oliva flammulata Lam.
Ancillaria glandiformis Lam.
»   *obsoleta* Br.
Cypraea amygdalum Br.
»   *fabagina* Lam.
»   *pyrum* Gmel.
»   *affinis* Duj.
Ovula spelta Lam.
Erato laevis Don.
»   *Maugeriae?* Gray.
Marginella Stephaniae Costa.
»   *miliacea* Lam.
Ringincula sp.
Voluta Lamberti Sow.
Mitra fusiformis Br.
»   *scrobiculata* Br.
Columbella semicaudata Bon.
»   *curta* Bell.
»   *Borsoni?* Bell.
»   *nassoides* Bell.

Terebra fuseata Br.
»   *acuminata* Bors.
»   *cacellensis* Costa.
»   *Cuneana* Costa.
»   *algarbiorum* Costa.
Buccinum Caronis Brongn.
»   *Rosthorni* Partsch.
»   *Grateloupi* Hoern.
»   *cacellense* Costa.
»   *semistriatum* Br.
»   *atlanticum?* Mayer.
»   *algarbiorum* Costa.
»   *(Nassa) parvulum* Sow. *in* Smith.
»   *(Nassa) inconspicuum* Sow. *in* Smith.
»   *prismaticum* Br.
»   *turbinellus* Br.
»   *coloratum* Eichw.
»   *mutabile* Lin.
»   *Dujardini* Desh. (an *B. mutabile* Lin. var.)
»   *gibbosulum* Lin.
»   *Cuneanum* Costa.
»   *polygonum* Br.
»   *turritum* Bors.
»   *conglobatissimum* Costa.
»   *substramineum?* Grat.
»   *dubium* Costa.
»   *maculosum* Sow. (*Nassa Andrei* Bast.)
Dolium denticulatum Desh.
Purpura exilis Partsch.
»   *(Monoceros)* sp.
Oniscia cithara Sow.
Cassis saburon Lam.
»   *crumena* Lam.
Cassidaria echinophora Lam.

6

Strombus coronatus Defr.
Chenopus pes pelecani Phil.
Halia (Priamus) Deshayesiana Costa.
Triton affine Desh.
Ranella reticularis Desh.
» *marginata* Brongn.
Murex trunculus Lin.
» *aquitanicus* Grat.
» *Sedgwicki* Micht.
» *lingua-bovis* Bast.
» *ventricosus* Hoern.
» *Genei* Bell. et Micht.
» *striaeformis* Micht.
» *angulosus?* Br.
» *Swainsoni?* Micht.
» *erinaceus* Lin.
» *vindobonensis* Hoern.
» *bicaudatus* Bors.
» *craticulatus* Br.
» *brandaris* Lam.
Pyrula cingulata Bronn.
» *clava* Bast.
Tudicla rusticula Bast.
Fusus intermedius Micht.
» *etruscus* Pecchioli.
» *Schwartzi* Hoern.
» *dubius* Costa.
Fasciolaria tarbelliana Grat.
Turbinella Lynchi Bast.
» *crassicosta* Micht.
» *Allioni* Micht.
Cancellaria Partschi? Hoern.
» *varicosa* Br.
» *inermis* Partsch.
» *contorta* Bast.
» *Dufouri?* Grat.
» *decussata* Sow. *in* Smith.
» *cancellata* Lin.
» *Barjonae* Costa.
» *calcarata* Br.
» *scrobiculata?* Hoern.
» *spinifera* Grat.
» *Westi* Grat.
» *Michelini* Bell.
» *imbricata* Hoern.
» *cacellensis* Costa.
Pleurotoma cataphracta Br.
» *ramosa* Bast.
» *festiva* Doderlein.

Pleurotoma interrupta Br.
» *asperulata* Lam.
» *granulato-cincta* Münst.
» *concatenata?* Grat.
» *semimarginata* Lam.
» *pretiosa* Bell.
» *turricula* Br.
» *intermedia* Bronn.
» *plicatella?* Jan.
» *Vauquelini?* Payr.
» *subanceps* Costa.
» *submarginata?* Bon.
» *cacellensis* Costa.
Cerithium doliolum Br.
» *pictum* Bast.
» *lignitarum* Eichw.
» *papaveraceum* Bast.
» *scabrum* Olivi.
» *dertonense* Mayer var. *lusitanica* D.C.G.
» *ediculinum* D.C.G. n. sp.
» *taeda* D.C.G. n. sp.
Turritella Delgadoi D.C.G. n. sp. (*Turr. Hoernesiana* Costa MSS. non auct.).
» *Riepeli* Partsch var. *ampla* D.C.G. n. var.
» *vindobonensis* Partsch.
» *subarchimedis* var. *Thetis* d'Orb.
» *bicarinata* Eichw.
» *subangulata* Br.
Mesalia brevialis Lam. var. *miocenica* D.C.G. n. var.
Turbo rugosus Lin.
Adeorbis Woodi Hoern.
Xenephora infundibulum Br.
Trochus affinis Eichw.
Zizyphinus Xavieri Costa MSS. n. sp.
» *opisthostenus?* Font.
Oxystele rotellaris Micht. (*Tr. Calheirosi* Costa MSS.).
Tuba cancellata Grat.
Fossarus costatus Br.
Scalaria Libassii Seguenza.
» *proxima* De Boury.
» *muricata* Risso.
» *Coppii* De Boury.
» *Turtonis* Turt. var. *pirta* De Greg.
» *turritissima* D.C.G. n. sp.
» *Stefanii* De Boury.
Pyramidella unisulcata Duj.
? Odontostomia unidentata Montagu.
» *conoidea* Br.
» *Michaeli* Brugnone.

Odontostomia pallideaformis Sacco.
Eulimella acicula Phil.
Turbonilla gracilis Br.
    »   costellata Grat.
Acteon salinensis Benoist.
    »   achatina Bonelli.
    »   semistriatus Defr.
    »   tornatilis Lin.
Sigaretus striatus Serres var. turonensis Récluz.
Natica redempta Micht.
    »   Josephinia var. pliospiralata Sacco.
    »   Alderi Forbes.
    »   catena Da Costa.
    »   submamilla d'Orb.
Nerita morio Duj.
Eulima subulata Donov.
Niso burdigalensis d'Orb.
Rissoia vitrea Montagu.
Rissoina obsoleta Partsch.
Scaphander Grateloupi Micht.
    »   lignarius Lin.
Roxania utriculus Br.
Bullinella cylindracea Penn. var. convoluta Br.
    »   elongata Eichw.
    »   clathrata Defr.
Tornatina Lajonkairei Bast.
    »   volhynensis Eichw.
Calyptraea chinensis Lin.
Fissurella italica Defr.
Dentalium fossile Lin.
    »   elephantinum Lin.
Solen siliquarius Desh. var. lusitanensis D.C.G.
Cultellus pellucidus Penn.
Pharus legumen Lin.
Solenocurtus Basteroti Des Moul.
    »   coarctatus Gmel.
Glycymeris Faujasi Mén.
Tugonia ornata Bast.
Corbula gibba Olivi.
Pholadomya miocenica D.C.G. n. sp.
    »   alpina Math.
Lutraria oblonga Chemn. var. expansa D.C.G.
    »   sanna Bast.
    »   lutraria Lin.
    »   Massoti Michaud.
Mactra triangula Ren.
Tellina planata Lin. var. lamellosa D.C.G. n. var.
    »   lacunosa Chemn.
    »   elliptica Br. var. major D.C.G. n. var.

Tellina pulchella Lam.
    »   distorta Poli.
    »   compressa Br.
    »   (Arcopagia) ventricosa Serres var. triangula D.C.G. n. var.
    »   (Arcopagia) crassa Penn.
Psammobia uniradiata Br. var. lusitanica D.C.G.
    »   faeroensis Chemn. var. muricata Br.
Tapes aenigmaticus Tourn.
    »   vetula Bast. var. pliograbroides Sacco.
Venus gigas Lam.
    »   Brocchii Desh.
    »   multilamella Lam.
    »   fasciata Da Costa et variétés.
    »   plicata Gmel.
    »   Haidingeri Hoern.
    »   gallina Lin.
    »   ovata Penn.
    »   clathrata Duj.
Dosinia exoleta Lin.
    »   Adansoni Phil.
Cytherea pedemontana Ag.
    »   erycina Lin.
Cardium discrepans Bast. var. herculea D.C.G.
    »   oblongum var. comitatensis Font.
    »   paucicostatum Sow.
    »   hians Br. var. recta D.C.G. n. var.
Woodia convergens D.C.G. n. sp.
Lucina fragilis Phil.
    »   columbella Lam.
    »   orbicularis Desh.
    »   exigua Eichw.
    »   ornata Ag.
    »   transversa Bronn.
    »   borealis Lin.
    »   miocenica Micht.
Diplodonta rotundata Montagu.
    »   trigonula Bronn.
Cardita Jouanneti Bast.
    »   Jouanneti var. laeviplana Depéret.
    »   crassa Lam.
    »   elongata Bronn.
Nucula nucleus Lin. var. nitida Sow.
Leda pella Lin.
    »   fragilis Chemn. var. deltoidea Risso.
Pectunculus insubricus Br.
    »   bimaculatus Poli.
Arca turonienses Duj.
    »   diluvii Lam.

Arca helvetica Mayer.
» *mytiloides* Br.
Mytilus aquitanicus Mayer.
Perna Soldanii Desh.
Avicula tarentina Lam.
Pecten Tournali Serres.
» *Tournali* Serres var *minor*.
» *multistriatus* Poli.
Pecten fraterculus Sow. *in* Smith.
» *cristatus* Bronn.
» sp.

Hinnites sp.
Spondylus crassicosta Lam.
Ostrea saccellus Duj.
» *plicatula* Gmel.
» *digitata* Eichw.
» *crassicostata* Sow. *in* Smith.
» *lamellosa* Br.
» *Boblayei* Desh.
» *crassissima* Lam.
Anomia costata Br.

Nous ne saurions terminer ce mémoire sans témoigner la plus vive reconnaissance à notre excellent collègue Mr. Paul Choffat, non seulement pour ses savants avis, mais aussi parce qu'il s'est prêté spontanément, dans le but d'alléger notre tâche, à en faire la traduction et la révision.

Nous devons aussi mentionner Mr. Antonio Mendes, collecteur du Service géologique, qui depuis longtemps nous a utilement aidé dans nos recherches sur les terrains tertiaires du pays.

J. C. BERKELEY COTTER.

Note paléontologique

ANOMIA CHOFFATI D.C.G. n. sp. (*A. costata* Hoernes *non* Brocchi, *partim*)

Fig. 1

Fig. 2

Fig. 3

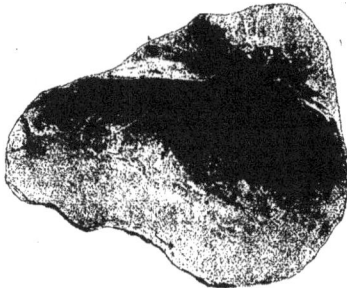

Fig. 4

Coquille bivalve, épaisse, solide, test peu nacré, inéquilatérale, inéquivalve, très gryphoïde.

Grande valve très profonde, à crochet recourbé, développée du côté antérieur en un pli rostré, surface couverte de trois à cinq arêtes rayonnantes ou de cannelures crépues, coupées par des lamelles très irrégulières et onduleuses d'accroissement; une impression musculaire transversale petite sous le crochet, une autre grande, rayonnante, profonde, oblique, s'étendant presque du crochet au bord palléal.

Petite valve mal connue, très réduite, rentrante, bossue.

Dans cette espèce fort épaisse, les ornements extérieurs ne sont pas le moulage des ornements des objets sur lesquels la petite valve est fixée, comme on le constate dans l'*Anomia ephippium* var. *costata* Brocchi, mais ils offrent un caractère spécifique constant.

Nous possédons un échantillon de Xabregas qui reproduit sur la grande valve, en surimposition des arêtes rayonnantes, l'ornementation d'un pecten à côtes serrées sur lequel la petite valve était fixée. (B.D.D. *Moll. du Roussillon*, II, p. 34, pl. VIII, fig. 9–10, pl. VII, fig. 7.)

Nous dédions cette espèce à notre excellent confrère Mr. P. Choffat, qui a consacré le meilleur de sa vie aux progrès de la géologie du Portugal et de ses colonies.

GISEMENT.— On signale déjà, quoique fort rarement, cette forme curieuse, dans les assises V^a et V^b de l'Helvétien inférieur de Lisbonne; cependant, c'est dans la couche du toit de l'assise V^c, qui porte son nom qu'elle se montre en grande abondance, et toujours représentée par la valve supérieure, par exemple à Quinta das Conchas, sur le flanc gauche du val de Chellas et dans la base de l'Helvétien supérieur à Xabregas.

Dans les assises supérieures de ce sous-étage, l'*Anomia Choffati* continue à se montrer, mais elle finit par être supplantée dans le Tortonien par l'*A. helvetica*, qui fait aussi son apparition dans l'Helvétien inférieur.

En plus des localités déjà mentionnées, on trouve l'*Anomia Choffati* le long de la bande formée par l'assise V^c qui, de Val-de-Chellas, s'étend vers le Nord et le N. N. O. par Portella, Charneca, Quinta do Mattos, au N. E. de Camarate, Casal do Muro et voisinage de Catojal. On la voit aussi dans la rive gauche du ruisseau de Sacavem à Bella Vista, dans le val de Figueira, à l'Est d'Areias, à Quinta da Piedade et à Caniços, sur la route de Vialonga.

Près du bord du Tage à Grillos, Poço do Bispo, Marvilla, etc.

Dans le Tortonien de Lisbonne, on la trouve à Braço de Prata, Casal das Rolas, Cabo Ruivo, Olivaes, Sacavem, Povoa, Alverca et Alhandra.

De l'autre côté du Tage, on a recueilli des exemplaires dans l'Helvétien d'Almada, Pragal, Alto dos Buxos, Margueira et Mutella et dans les falaises maritimes comprises entre les forts de Raposeira et d'Alpena.

Dans le versant de la Serra de Palmella, on a trouvé de rares exemplaires au pied Sud de la colline, dans les strates de l'Helvétien inférieur.

DOLLFUS, COTTER, GOMES.

CLASSIFICATION DU MIOCÈNE MARIN DE LISBONNE AVEC INDICATION D'AFFLEUREMENTS PARALLÈLES SUR LA RIVE GAUCHE DU TAGE, DANS LES RÉGIONS DE L'ARRÁBIDA ET DU SADO ET DANS L'ALGARVE

TABLE DES MATIÈRES

Avant-propos
par J. F. Nery Delgado

Notice biographique sur F. A. Pereira da Costa (avec portrait)
par J. P. Gomes

Esquisse du Miocène marin portugais
par J. C. Berkeley Cotter

Explication des planches
par G. F. Dollfus

EXPLICATION DES PLANCHES

PAR

G. F. DOLLFUS

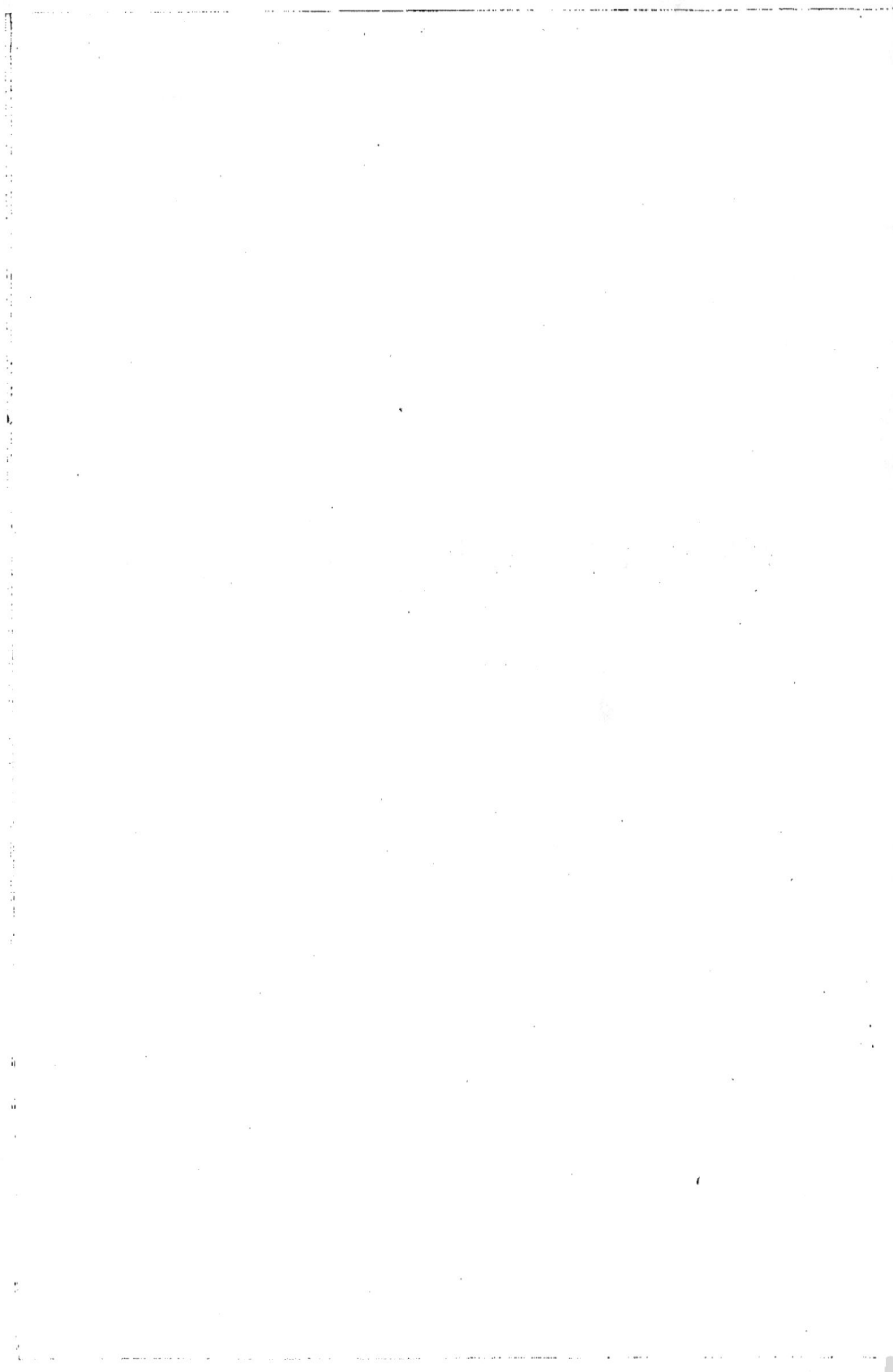

TABLE ALPHABÉTIQUE

[Les chiffres en type egyptien se rapportent aux pages des deux fascicules publiés en 1866-1867,
ceux en type ordinaire à la numérotation qui se trouve au bas des pages de l'Explication des planches du présent fascicule.
Les caractères italiques sont ceux des espèces figurées ou décrites dans les trois fascicules.]

VII

AVIS

Dans la présente *Explication des planches*, pages 4, 26, 30, 31, 36, 38, 42, 54, 55, les mots d'*Aquitanien* comme niveau stratigraphique doivent être remplacés par: *Burdigalien inférieur* (I). Voyez p. 5 de l'*Esquisse*.

PLANCHE XXVIII

Les figures qui font l'objet de la présente explication se trouvent dans le pl. XXVIII, 2e fascicule, publiée en 1887 et dont la description est restée incomplète.

CERITHIUM *(Thericium)* DERTONENSE MAYER var. LUSITANENSIS D.C.G. n. var.

Pl. XXVIII, fig. 10 *a*, 10 *b*

1868. *Cerithium dertonense* MAYER, Journ. de Conchyl., t. XVI, p. 107, pl. III, fig. 5 (*non* Sacco, 1895).
Conf. *Cerithium gibbosum* EICHWALD (*non* Desh.), Lethaea Rossica, III, p. 149, pl. VII, fig. 8.

OBSERVATIONS.— Intéressante variété, plus grande que le type de Mayer, élancée, pourvue á la base de quatre cordons décroissants un peu granuleux.

GISEMENT.— Exemplaire figuré : Cacella (Tortonien).

CERITHIUM *(Thericium)* EDICULINUM D.C.G. n. sp.

Pl. XXVIII, fig. 15

Testa turrita piramidali, cum septem lateribus; sutura parum profunda; anfractibus tuberculis subspinosis ornatis, minutissime spiraliter insculptis; ad basim striata; apertura rotundata; columella et canale brevibus, labro arcuato; alt. 17 mm., lat. 9, anfr. circiter 7.

GISEMENT.— Exemplaire figuré : Cacella (Tortonien).

PROTOMA COSTAI D.C.G. n. sp.

Pl. XXVIII, fig. 16 *a*, 16 *b*

Testa turrita, elongata; anfractibus depressis, spiraliter carinata; sutura parum perspicua, carinibus inaequalibus duabus elevatioribus acutis, ad suturam approximatis, sed duabus haud tres minoribus, in medio anfractorum.

GISEMENTS.— Exemplaires figurés: Forno do Tijolo (Burdigalien).
Autres localités: Mutella part. sup., Braço de Prata (Tortonien); Margueira, Val-de-Chellas, Xabregas (Helvétien); Carnide, Palma (Burdigalien).

PROTOMA MUTABILIS SOWERBY sp. *(Turritella)*

Pl. XXVIII, fig. 17

1847. *Turritella mutabilis* SOWERBY, Quart. Journ. Geol. Soc., III, p. 421, pl. XX, fig. 26.
1853.   —   *cathedralis* HOERNES (*non* Brongn.), Foss. Moll. Tert. Beck. Wien, I, p. 419, pl. 43, fig. 1.
1895? *Protoma cathedralis* SACCO (*non* Brongn.) var. *pseudolaevis* Sac., I Moll. Terr. Terz. del Piemonte e della Liguria, Part. XIX, p. 33, pl. III, fig. 13.

GISEMENTS.— Exemplaire figuré: Braço de Prata (Tortonien).
Autres localités: Mutella part. sup., Costa de Caparica, Olivaes, Sacavem, Desterro, Beirolas (Tortonien); Mutella part. inf., Margueira, Almada, Quinta do Pombal (route de Piedade), Val-de-Chellas, Xabregas, Marvilla, Poço do Bispo (Helvétien).

1

PROTOMA PROTO Basterot sp. *(Turritella)*

Pl. XXVIII, fig. 18 *a*, 18 *b*

1825. *Turritella proto* Basterot, Mém. géol. env. Bordeaux, p. 30, pl. I, fig. 7 *(non Turr. quadriplicata* Bast.).
1874. *Proto Basteroti* [Benoist, Catalogue Testacés fossiles de la Gironde, II, p. 96.

Gisements.— Exemplaire figuré: Forno do Tijolo (Burdigalien).
Autres localités: Mutella part. inf. (Helvétien); Carnide, Ameixoeira (Burdigalien).

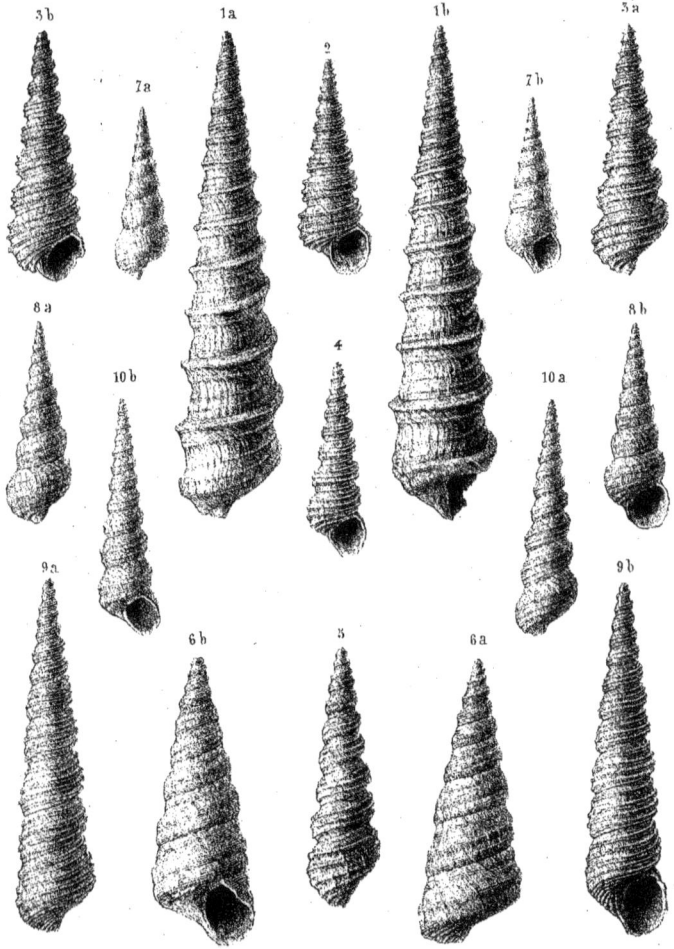

Castro lith.

Commissão Geologica de Portugal

PLANCHE XXIX

PROTOMA ROTIFERA LAMARCK sp. (*Turritella Gomesi* Costa MSS.)
Pl. XXIX, fig. 1 *a*, 1 *b*

1822. *Turritella rotifera*   LAMARCK, Anim. sans vert., t. VII, p. 59.
1833.   —   — Lam. DESHAYES, Coquilles fossiles env. Paris, t. II, p. 274, Atlas II, p. 40, fig. 20–21.

GISEMENTS.— Exemplaire figuré: Forno do Tijolo (Burdigalien).
Autres localités: Margueira (Helvétien).

TURRITELLA DELGADOI D.C.G. n. sp. (*Turr. Hoernesiana* Costa MSS. *non* auct.)
Pl. XXIX, fig. 2, 3, 4, 5 et pl. XXX, fig. 5 juv.

Testa turrita, anfractibus subrotundatis, primis unicarinatis, maximis carinis tribus aequalibus ornata, superficia tota spiraliter minutissime spirata; sutura profunda; apertura rotundata, columella et labro arcuatis; alt. 47 mm., lat. 12, anfract. 17.

GISEMENTS.— Exemplaire figuré: Cacella (Tortonien).
Autres localités: Adiça, Rego, Mutella part. sup., Braço de Prata (Tortonien); Mutella part. inf., Margueira, Marvilla, Xabregas, Val-de-Chellas, Almada, Pragal (Helvétien).

TURRITELLA RIEPELI PARTSCH *in* Hoernes var. AMPLA D.C.G. n. var.
Pl. XXIX, fig. 6 *a*, 6 *b*

1855. *Turritella Riepeli* PARTSCH *in* HOERNES, Foss. Moll. Tert. Beck. Wien, t. I, p. 421, Atlas I, pl. 43, fig. 2.

OBSERVATIONS.— Dans cette variété l'angle apical atteint 30 degrés, tandis qu'il ne dépasse pas 20 dans le type d'après Hoernes. Détermination faite sur des échantillons conservés à l'École des Mines à Paris.

GISEMENT.— Exemplaire figuré: Cacella (Tortonien).

MESALIA BREVIALIS LAMARCK sp. var. MIOCENICA D.C.G. n. var.
Pl. XXIX, fig. 7 *a*, 7 *b*, 8 *a*, 8 *b*

1757, *Cerithium mesal*   ADANSON, Voyage au Sénégal, p. 159, pl. X, fig. 7.
1822. *Turritella brevialis* LAMARCK, Anim. sans vert., t. VII, p. 58.
Conf. *Mesalia cochleata*   BROCCHI *in* SACCO, I Moll. Terr. Terz. Piemonte. Part. XIX, p. 30 (tenuissime striatula).

OBSERVATIONS.— Cette variété est pourvue de trois cordons spiraux réguliers aplatis, dans les derniers tours; elle est souvent sans aucun cordon dans les premiers, elle est de taille bien plus forte que celle de Brocchi.

GISEMENT.— Exemplaires figurés: Cacella (Tortonien).

TURRITELLA VINDOBONENSIS PARTSCH *in* Hoernes (*Turritella turris* auct. *non* Basterot)
Pl. XXIX, fig. 9 *a*, 9 *b*

1847. *Turritella bicarinata*   SOWERBY (*non* Eichwald, 1830), Quart. Journ. Geol. Soc., III, p. 421, pl. XX, fig. 25.
1848.   —   *vindobonensis* PARTSCH *in* HOERNES, Explication Carte géol. Wien, p. 21.
1855.   —   *turris*   HOERNES (*non* Bast.), Foss. Moll. Tert. Beck. Wien, t. I, p. 424, Atlas I, pl. 34, fig. 15–16.

Testa turrita solida, anfractibus convexis, quatuor vel quinque carinatis cinctis, apertura subquadrata.

2

Turr. Valriacensis Fontanes, 1879, pl. I, fig. 4, *Turr. turris* var. *Badensis* Sacco, *non Turr. Linnaei* Duj. nec *Turr. Venus* d'Orb.

GISEMENT.— Exemplaire figuré: Cacella (Tortonien).

TURRITELLA SUBARCHIMEDIS D'ORBIGNY (*Turr. Archimedis* Dubois 1831 *non* Brongn. 1823)
Pl. XXIX, fig. 10 *a*, 10 *b* et pl. XXX, fig. 1

1852. *Turritella subarchimedis* D'ORBIGNY, Prod. Paléont., vol. III, p. 32.
1855.   —   *Archimedis* HOERNES (*non* Brongn.), Foss. Moll Tert. Beck. Wien, I p. 424, Atlas I, pl. 34, fig. 13–14.

GISEMENTS.— Exemplaire figuré: Adiça (Tortonien).

Autres localités: Casal das Rolas, Braço de Prata, Rego, Mutella part. sup. (Tortonien); Marvilla, Margueira, Xabregas (Helvétien); Fôrno do Tijolo (Burdigalien).

3

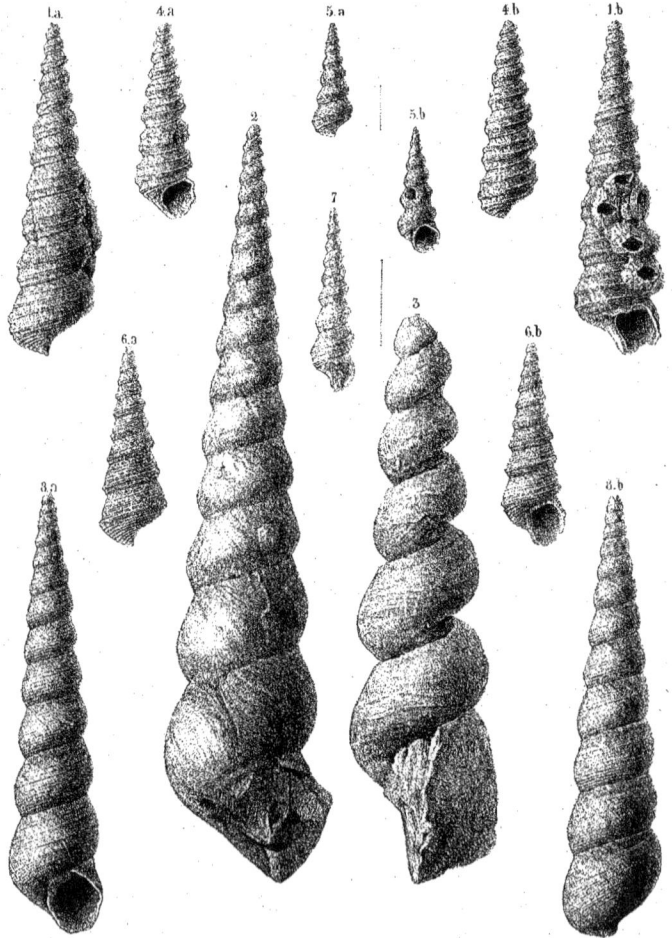

1.a 4.a 5.a 4.b 1.b

2 5.b

7

6.a 3 6.b

3.a 8.b

Castro lith.

Commissão Geologica de Portugal

PLANCHE XXX

TURRITELLA SUBARCHIMEDIS D'Orbigny (vide ut supra pl. XXIX, fig. 10) var. *Thetis*.
Pl. XXX, fig. 1 *a*, 1 *b*

1852. *Turritella Thetis* D'Orbigny, Prod. Étage, 26, n.° 61 [*Turr. Archimedis* Grateloup (*non* Brongn.), pl. XV, fig. 17, var. A. *carinis angustis*].

Gisement. — Exemplaire figuré: Cacella (Tortonien).

TURRITELLA TEREBRALIS Lamarck
Pl. XXX, fig. 2, 3, 8 *a*, 8 *b*

1822. *Turritella terebralis* Lamarck, Anim. sans vert., t. vii, p. 59.
1825. — — Lam. Basterot, Mém. Géol. env. Bordeaux, p. 28, pl. I, fig. 14.

Observations. — Nous classons les figures 2-3 comme var. *gradata* Menke *in* Hoernes. Les figures 8 *a*, 8 *b* comme var. *sulcata* n. var. plus profondément sillonnée que le type.

Gisements. — Exemplaires figurés (fig. 2-3): Fonte Santa (Helvétien).
Autres localités: Val-de-Chellas, Cacilhas, Pragal (Helvétien); Carnide (Burdigalien); Tunnel du Rocio (Aquitanien).
Exemplaire figuré (fig. 8 *a*, 8 *b*): Forno do Tijolo (Burdigalien).
Autres localités: Palença, Palma, Carnide, Entre-Campos (Burdigalien); Rua da Imprensa (Lisbonne), Prazeres, S. Sebastião da Pedreira (Aquitanien).

TURRITELLA BICARINATA Eichwald
Pl. XXX, fig. 4 *a*, 4 *b*

1830. ? *Turritella bicarinata* Eichwald, Naturh. Skizze von Lithauen, p. 220.
1850. — — Eichwald, Lethaea Rossica, p. 280, pl. X, fig. 23.
1855. — — Hoernes, Foss. Moll. Wien, i, p. 426. Atlas i, pl. 43, fig. 10-11 (*tantum*).

Observations. — La figure de Eichwald est détestable, elle ne concorde pas avec celle de Hoernes (*non Turr. Archimedis* Brongn.), Sacco, Part. xix, p. 14, pl. I, fig. 48.

Gisement. — Exemplaire figuré: Cacella (Tortonien).

TURRITELLA DELGADOI D.C.G. juv. (vide pl. XXIX, fig. 2-3)
Pl. XXX, fig. 5 *a*, 5 *b*

Gisement. — Exemplaire figuré: Cacella (Tortonien).

TURRITELLA CROSSEI Costa mss. n. sp.
Pl. XXX, fig. 6 *a*, 6 *b*

Testa turrita, conica, anfractibus planiusculis, imbricatis, transverse striatis, infra carinatis; apertura subquadrata.

Observations. — Nous connaissons cette espèce du miocène du Bordelais sans avoir pu trouver un nom qui la désigne.

Gisements. — Exemplaire figuré: Forno do Tijolo (Burdigalien).
Autres localités: Quinta do Manique (Estrada das Amoreiras), Boa-Vista, Friellas (Burdigalien). Idem de S.ᵗ Jean de Bordeaux.

4

TURRITELLA SUBANGULATA Brocchi sp.

Pl. XXX, fig. 7

1814. *Turbo subangulatus*   Brocchi, Conchyl. subap., II, p. 374, pl. VI, fig. 16.
1895. *Turritella subangulata* Br. Sacco, I Moll. Terr. Terz. Part. xix, p. 9, pl. I, fig. 30-35. Includ. *Turbo acutangulus*
        et *T. spiratus* Br.

Gisement.— Exemplaire figuré : Cacella (Tortonien).

5

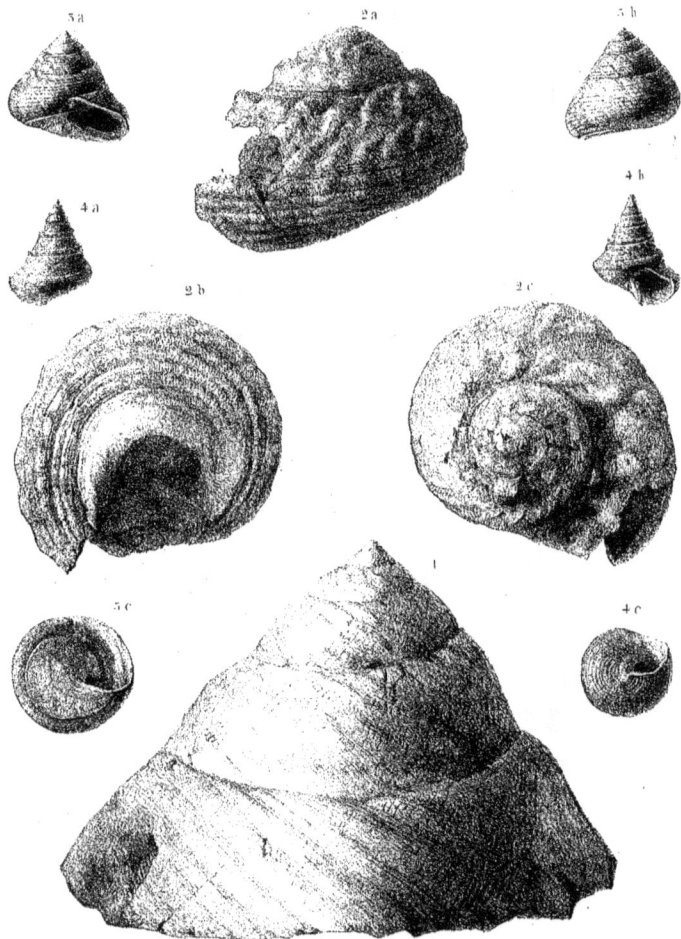

PLANCHE XXXI

XENOPHORA INFUNDIBULUM Brocchi (et infra pl. XXXII, fig. 1)

Pl. XXXI, fig. 1

1814. *Trochus infundibulum*   Brocchi, Conchyl. subap., II, p. 352, pl. V, fig. 17.
1896. *Xenophora infundibulum* Br. Sacco, I Moll. Terr. Terz. Part. xx, p. 23, pl. II, fig. 26.

GISEMENT.—Exemplaire figuré: Cacella (Tortonien).

TURBO *(Bolma)* RUGOSUS Linné

Pl. XXXI, fig. 2 a, 2 b, 2 c

1766. *Turbo rugosus*   Linné, Systema naturae, Edit. xii, p. 1234.
1855. — —   Lin. Hoernes, Foss. Moll. Wien, i, p. 432, pl. 44, fig. 2-3.

GISEMENT.—Exemplaire figuré: Cacella (Tortonien).

OXYSTELE ROTELLARIS Michelotti sp. (*Trochus Calheirosi* Costa mss.)

Pl. XXXI, fig. 3 a, 3 b, 3 c

1847. *Trochus rotellaris*   Michelotti, Descr. foss. terr. mioc. Ital., p. 182.
1874. *Rotella subsuturalis* d'Orb. (1852) Tournouër, Animaux foss. Mont Léberon. Invertebrés, p. 139, pl. XVIII, fig. 27
                              (*non R. suturalis* Lamk.).
1896. *Oxystele rotellaris* Mich.   Sacco, I Moll. Terr. Terz. Part. xxi, p. 27, ql. III, fig. 23.

GISEMENT.—Exemplaire figuré: Cacella (Tortonien).

ZIZYPHINUS XAVIERI Costa mss. n. sp.

Pl. XXXI, fig. 4 a, 4 b, 4 c

Testa turrita conica elevata; circiter septem anfractibus concaviusculis; striis spiralis paulum perspicuis; ad sutura carinata, base rotundata, striata, apertura obliqua trapezoidali.

GISEMENTS.—Exemplaire figuré: Cacella (Tortonien).
Autres localités: Adiça, Rego (Tortonien).

XXXII

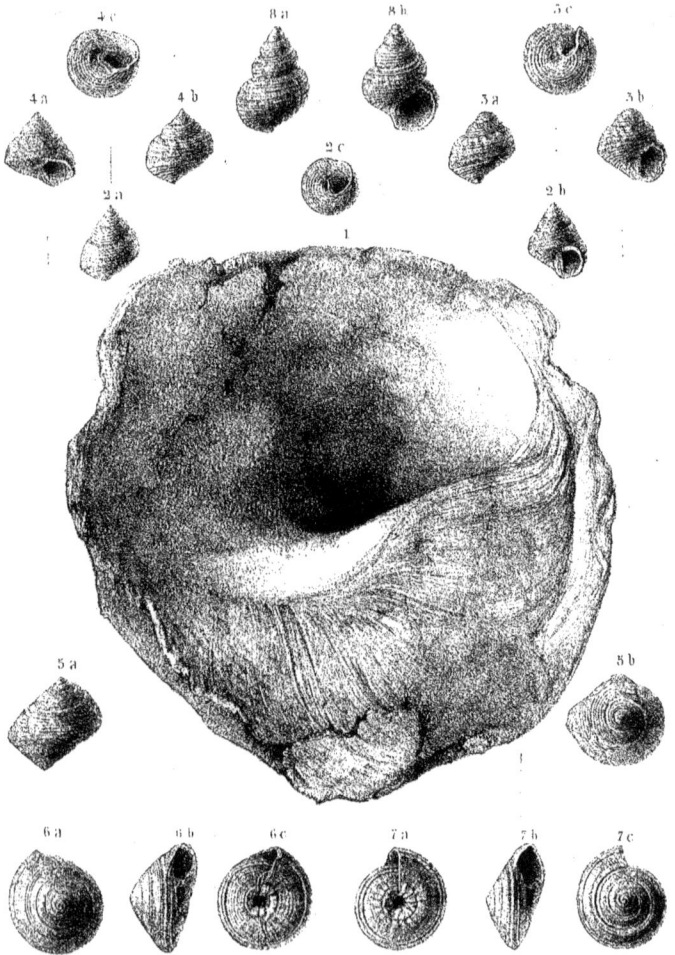

R.F.

PLANCHE XXXII

XENOPHORA INFUNDIBULUM Brocchi (vide ante pl. XXXI, fig. 1)

Pl. XXXII, fig. 1

Gisement.— Cacella (Tortonien).

TROCHUS *(Phorculellus)* AFFINIS Eichwald *(Tr. cacellensis* Costa mss.)

Pl. XXXII, fig. 2 a, 2 b, 2 c

1853. *Trochus affinis*   Eichwald, Lethaea Rossica, i, p. 227, pl. IX, fig. 16.
1896. *Phorculellus affinis* Eichw. Sacco, I Moll. Terr. Terz. Part. xxi, p. 36, pl. IV. fig. 11 b, 12 a.

Observations.— Intermédiaire entre *Tr. Adansoni* et *Tr. strigosus* Gmel.

Gisement.— Exemplaire figuré: Cacella (Tortonien).

GIBBULA SAGUS Defrance sp. *(Trochus)*

Pl. XXXII, fig. 3 a, 3 b, 3 c et 4 a, 4 b, 4 c

1828. *Trochus sagus*   Defrance, Dictionnaire Sciences Naturelles t. lv, p. 478.
1852.   — *pseudo-magus* d'Orbigny, Prod. Paléont., iii, p. 41, 26–631 *(Tr. magus* Grateloup *non* Linné).
1896. *Gibbula magus*   Lin. var. *angulatior in* Sacco *(in tabula)*, Part. xxi, pl. III, fig. 33, var. *cingulatior (in texto)*.

Observations.— C'est peut être encore le *Trochus Buchii* Dubois.

Gisements.— Exemplaires figurés: Rego (Tortonien).
Autres localités: Adiça, Mutella part. sup. (Tortonien); Margueira (Helvétien).

TROCHUS *(Oxystele)* PATULUS Brocchi

Pl. XXXII, fig. 5 a, 5 b

1814. *Trochus patulus*   Brocchi, Conchyl. subap., ii, p. 356, pl. V, fig. 19.
1896. *Oxystele patula* Br. Sacco, I Moll. Terr. Terz. Part. xxi, p. 28; pl. III, fig. 28 *(non* Hoernes).

Gisement.— Exemplaire figuré: Margueira (Helvétien).

SOLARIUM CAROCOLLATUM Lamarck

Pl. XXXII, fig. 6 a, 6 b, 6 c

1822. *Solarium carocollatum*   Lamarck, Anim. sans vert., vii, p. 6.
1825.   —   —   Lam. Basterot, Mém. géol. env. Bordeaux, p. 34, pl. I, fig. 12.
1856.   —   —   Hoernes, Foss. Moll. Wien, i, p. 462, pl. 46, fig. 1-2 (iconograph. non descript.).
     Solarium umbrosum Michelotti *non* Brongniart.

Observations— Tours sillonés et striés.

Gisements.— Exemplaire figuré: Forno do Tijolo (Burdigalien).
Autres localités: Xabregas, Margueira (Helvétien); Palença, Ginjal (Burdigalien).

7

SOLARIUM SIMPLEX Bronn

Pl. XXXII, fig. 7 a, 7 b, 7 c

1831. *Solarium simplex* Bronn, Italien Tertiargeb., p. 63.
1856.   —   —   Hoernes, Foss. Moll. Wien, I. p. 463, pl. 46, fig. 3.
       Solarium neglectum Michelotti 1841, et Sowerby 1847.

OBSERVATIONS. — Tours lisses sauf les stries suturales doubles, ombilic étroit.

GISEMENT. — Exemplaire figuré : Forno do Tijolo (Burdigalien).

TUBA CANCELLATA Grateloup sp. *(Cyclostoma)*

Pl. XXXII, fig, 8 a, 8 b

1827. *Cyclostoma cancellata* Grateloup, Tabl. Coq. foss. Adour. Soc. Linn., II, p. 108.
1840.   —   —   Grateloup, Atlas conchyliol., pl. III, fig. 30.
1895. *Tuba sulcata*   Sacco (*non* Pilkington), I Moll. Terr. Terz. Part. XIX, p. 38, pl. III, fig. 43.

OBSERVATIONS. — Non *Turbo sulcatus* Pilk., nec *Turbo sculptus* Sowerby.

GISEMENT. — Exemplaire figuré : Cacella (Tortonien).

8

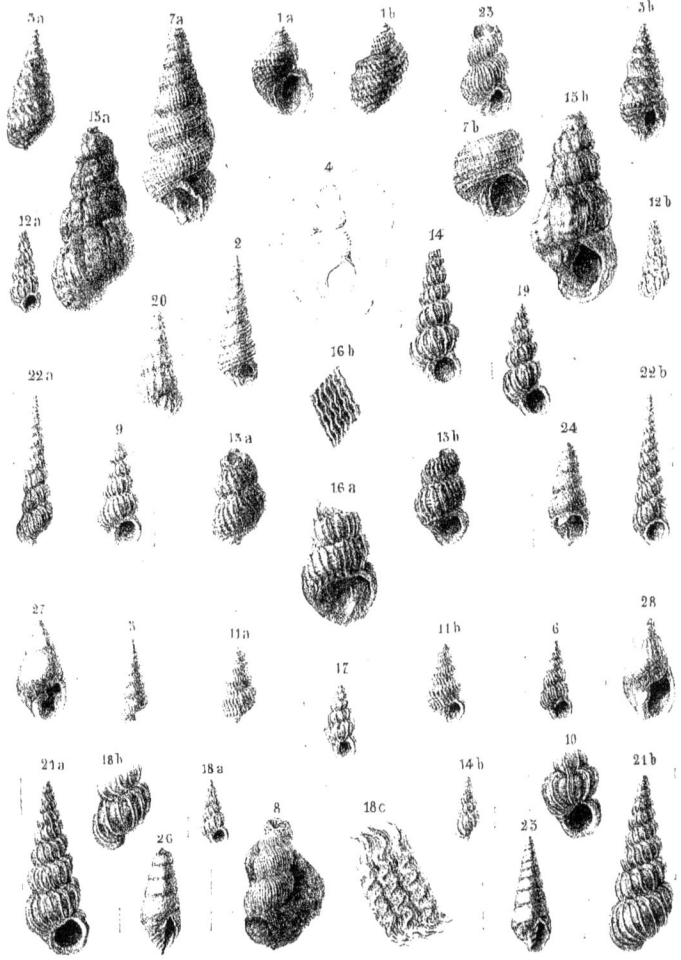

XXXIII

Commissão Geologica de Portugal

PLANCHE XXXIII

FOSSARUS *(Phasianema)* **COSTATUS** Brocchi sp. *(Nerita)*
Pl. XXXIII, fig. 1 *a*, 1 *b*

1814. *Nerita costata*   Brocchi, Conch. foss. subap., II, p. 300, pl. I, fig. 11.
1884. *Fossarus costatus* Br.   Bucquoy, Dautzenberg et Dollfus, Moll. marins du Roussillon, I, p. 254, pl. 27, fig. 19-21.
1895. *Phasianema costatum* Br. Sacco, I Moll. Terr. Terz. Part. XVIII, p. 17, pl. I, fig. 33 *(tantum)*.

Gisement.— Exemplaire figuré: Cacella (Tortonien).
Autres localités: Forno do Tijolo (Burdigalien).

Sp. indet.
Pl. XXXIII, fig. 2 et 4

Observations.— Deficiit in Museo.

CERITHIUM *(Lampania)* TAEDA D.C.G. n. sp.
Pl. XXXIII, fig. 3 *a*, 3 *b*

Testa turrita, conica, mitraeformi; circiter octo anfractibus poenecarinatis et planulatis, ornatis lineis vel tuberculis oblique plicatis; apertura parva, rotundata; columella excavata; labro sinuato, tenui, arcuato; canale brevi. Long. 25 mm., lat. 10.

Observations.— Espèce très intéressante qui a l'aspect d'une petite torche; conf. *C. pictum*, pl. XXVIII, fig. 13. L'ouverture qui est incomplètement connue rend son classement sous-générique un peu douteux. Il reste des traces de coloration brunâtre formant des maculations obliques articulées.

Gisement.— Exemplaire figuré: Cacella (Tortonien).

SCALARIA *(Acrilla?)* LIBASSII Seguenza *(Sc. Adicensis* et *Sc. Ribeiroi* Costa mss. ex specimenibus)
Pl. XXXIII, fig. 5, 6, 9

1876. *Scalaria Libassii*   Seguenza (== *Sc. decussata* Libassi *non* Lam.), Boll. Comit. Geol. Ital., VII, p. 96.
1890.   —   —   Seguenza. De Boury, Révision Scalidae d'Italie, p. 164 (conf. *Sc. Stefani* de Boury).
1891.   —   —   —   De Boury, Étude critique Scalidae. p. 121, pl. IV. p. 11.
        Conf. *Sc. semicostata* Sowerby (*non* Desh.), Wood, Crag Moll. addendum plate, fig. 1, p, 183. Suppl. 1872. Gisement incertain.

Observations.— Coquille médiocre, allongée, tours bien ronds, suture profonde, côtes minces, lamelleuses, très peu obliques, nombreuses, mais distantes, espacées de quatre à cinq fois leur épaisseur. Cordons spiraux microscopiques, nombreux, serrés, visibles dans les seuls intervalles des côtes; varices espacées, peu épaisses. Alt. 14 mm., lat. 5.

Gisements.— Exemplaires figurés: Adiça, Cacella, Rego (Tortonien).
Autres localités: Margueira (Helvétien).

SCALARIA *(Acrilla)* SUBCANCELLATA d'Orbigny *(Sc. Fontis* Costa mss. ex specim.)
Pl. XXXIII, fig. 7 *a*, 7 *b* et 24

1845. *Scalaria cancellata*   Grateloup (*non* Blainv.), Conchyl. bassin de l'Adour, pl. XII, fig. 11.
1847.   —   *reticulata*   Michelotti (*non* Sow.), Fossiles miocènes Italie septentr., p. 161, pl. VI, fig. 13.
1852.   —   *subcancellata* d'Orbigny, Prod. Paléont., III, p. 30, 26-398.

9

1852. — *subreticula* D'Orbigny, Prod. Paléont., III, p. 31, 26–413.
1882. — *subreticulata* d'Orb. *(sic)* Von Koenen, Die Gasterop. holost. Norddeutch mioc., p. 293.
1891. — *amoena* Phil. var. *subcan-*
        cellata d'Orb. Sacco, I Moll. Terr. Terz. Part. IX, p. 62, pl. II, fig. 53.

Observations.— Mr. Von Koenen a établi que le *Sc. amoena* Phil. 1842, de l'Oligocène de l'Allemagne du Nord était une espèce bien différente, comme ayant les côtes plus fortes que les cordons spiraux, ce qui est le contraire de l'espèce miocène. La figure de Hoernes est très mauvaise. Alt. 43 mm., lat. 15, anfr. circiter 11.

Gisements.— Exemplaires figurés : Foz da Fonte, Margueira (Helvétien).
Autres localités : Cacilhas (Helvétien).

SCALARIA *(Acrilla?)* CREBRICOSTELLATA Mayer-Eymar *(Sc. Braamcampi* Costa mss. ex specim.)
Pl. XXXIII, fig. 8

1900. *Scalaria crebricostellata* Mayer-Eymar *in* Ivolas et Peyrot, Étude paléont. faluns Tour., p. 64, pl. II, fig. 15–16.
1900. — *subvaricosa* Ivolas et Peyrot *(non* Cantraine) *(pars)*, idem, p. 64, pl. II, fig. 17 *(tantum).*

Observations.— Groupe de la *Sc. Libassii* mais à lamelles plus serrées, les échantillons du Portugal ont des lamelles moins obliques que dans le dessin de Costa ; stries spirales très peu visibles. Tours ronds, spire longue.

Gisements.— Exemplaire figuré : Quinta do Braamcamp (Helvétien).
Autres localités : Margueira, Cacilhas (Helvétien).

SCALARIA MIRABILIS Dollfus et Dautzenberg *(Sc. foliacea* Sow. *in* Costa mss. ex specim.)
Pl. XXXIII, fig. 10

1886. *Scalaria mirabilis* Dollfus et Dautzenberg, Étude prel. faluns Touraine. Feuille des Jeunes Natur., p. 14.
1891. — — D. et D. De Boury, Étude critique des Scalidae, p. 122, pl. IV, fig. 6.
1900. — *robustula* Mayer *in* Ivolas et Peyrot, Contr. à l'étude paléont. faluns Touraine, p. 58, pl. II, fig. 3.
1900. — *altilamella* Mayer *in* Ivolas et Peyrot, idem, p. 59, pl. II, fig. 19–20.
1900. — *Lyelli* Mayer *in* Ivolas et Peyrot, idem, p. 60, pl. II, fig. 30.

Observations.— Une comparaison en nature des types ne nous laisse pas de doute sur cette assimilation.

Gisements.— Exemplaire figuré : Rego (Tortonien).
Autres localités : Margueira (Helvétien).

SCALARIA *(Cirsotrema)* RUSTICA Defrance
Pl. XXXIII, fig. 11 a, 11 b

1827. *Scalaria rustica* Defrance, Dictionnaire des Sciences Naturelles, t. 48, p. 20.
1840. — *subspinosa* Grateloup, Atlas Conchyl. Adour, pl. XII, fig. 10.
1890. — — Grat. De Boury, Révision des Scalidae, p. 50.
1891. — *rustica* Defr. Sacco, I Moll. Terr. Terz. Part. IX, p. 53, pl. II, fig. 35.

Observations.— Les échantillons sont sensiblement conformes à la figure ; — non *Sc. pumicea* Brocchi ; conf. *Sc. semidisjuncta* Jeffreys ; conf. *Sc. Ivolasi* de Boury *in* Ivolas et Peyrot.

Gisement.— Exemplaire figuré : Alto dos Buxos près Trafaria (Helvétien).

SCALARIA *(Clathrus)* PROXIMA De Boury (fig. 12 *Sc. subulata* Wood *in* Costa mss. ex specim., fig. 14 *Sc. clathratula* Turton *in* Costa mss.)
Pl. XXXIII, fig. 12 a, 12 b et 14

1840. *Scalaria communis* Grateloup *(non* Lamarck), Atlas Conchyl. Adour, pl. XII, fig. 1–2.
1889. — — De Gregorio *(non* Lamarck), Iconogr. Conchyl. Medit. Scalaria, p. 6, pl. unique : fig. 27 var. *pulta,* fig. 28 var. *irpa,* fig. 29 var. *blema.*
1890. *Scalaria proxima* De Boury, Révision de Scalidae, p. 94, pl. IV, fig. 9.
1890. — *spreta* De Boury, idem, p. 98, pl. IV, fig. 8.
1890. — *Gregorioi* De Boury, idem, p. 99, pl. IV, fig. 7.

10

OBSERVATIONS.— Coquille plus longue proportionnellement que le *Sc. communis*, mais sans atteindre le *Sc. terebralis* Michelin. Tours moins ronds, côtes non continues d'un tour à l'autre; côtes un peu renversées et spathuliformes à la jonction des tours, pas d'épines, pas de cordon basal, intervalles lisses. Conf. *Sc. subulata* Sow. *in* WOOD, Crag. Moll., p. 93, pl. VIII, fig. 18. Alt. 17 mm., lat. 6, anfract. 9.

GISEMENTS.— Exemplaires figurés: Cacella, Rego (Tortonien).
Autres localités: Povoa de Santa Iria (Tortonien); Margueira (Helvétien).

SCALARIA *(Cirsotrema)* MIOVARICOSA SACCO
Pl. XXXIII, fig. 13 *a*, 13 *b*

1889. *Scalaria scaberrima*	DE GREGORIO (*non* Michelotti), Iconogr. Conchyl. Medit. Scalaria, p. 9, pl. I, fig. 36.
1890. — *varicosa*	MAYER (*non* Lamarck) *in* IVOLAS et PEYROT, Contr. à l'étude paléont. faluns Touraine, p. 57.
1890. — *Peyroti*	DE BOURY *in* IVOLAS et PEYROT, Contr. à l'étude paléont. faluns Touraine, p. 68, pl. II, fig. 18.
1891. *Cirsotrema miovaricosa*	SACCO, I Moll. Terr. Terz. Part. IX, p. 52, pl. II, fig. 32 *a*, 32 *b* et 33?

OBSERVATIONS.— Ce n'est ni le *Sc. varicosa* Lam. ni le *Sc. subvaricosa* Cantraine. Peut-être cette espèce, dont nous ne connaissons que l'échantillon figuré, qui est fort roulé, n'est qu'une variété du *Sc. crassicostata* Desh.

GISEMENTS.— Exemplaire figuré: Portinho d'Arrabida (Tortonien).
Autres localités: Penedo, au S. de Lagôa d'Albufeira (Tortonien).

SCALARIA *(Cirsotrema)* ROBUSTA D.C.G. n. sp.
Pl. XXXIII, fig. 15 *a*, 15 *b*

Testa robusta turritaque, anfractibus rotundatis circiter septem vel octo, depressibus prope a sutura; costis crassis, rotundatis, foliaceis, ad suturam ascendentibus, funiculis spiralibus sparsis et tenuibus. Imo foliaceo carinatoque discum fingente; apertura rotundata, ora incrassata. Alt. 48 *mm., lat.* 20.

OBSERVATIONS.— Le grand specimen figuré, un peu roulé, montre une coquille solide à suture ascendante, ce que constitue des caractères très rares dans le genre *Scalaria;* la forme la plus voisine décrite est le *Sc. lamellosa* Brocchi var. *transiens* Sacco, I Moll. Terr. Terz. Part. IX, pl. II, fig. 19 (*tantum*), dont la suture est canaliculée, les côtes subépineuses nombreuses, etc.

GISEMENTS.— Exemplaire figuré: Covalinho (Helvétien).
Autres localités: Margueira (Helvétien).

SCALARIA CRASSICOSTATA DESHAYES
Pl. XXXIII, fig. 16 *a*, 16 *b*

1839. *Scalaria crassicostata*	DESHAYES *in* de Verneuil, Bull. Soc. Géol. de France, XI, p. 76, Note Pliocène algérien.
1839. — —	DESHAYES, Traité élément. Conchyl. Atlas, pl. 70, fig. 1–3 (*bene*).
1840. — *multilamella*	GRATELOUP (*non* Basterot), Atlas Conchyl. Adour, pl. XII, fig. 8 type, *non* fig. 9.
1855. — *Duciei*	WRIGHT, Fossil Echinoderms from Malta. Ann. and Mag. Nat. Hist., XV, p. 274, pl. VII, fig. 4 (*bene*).
1874. — *crassicostata* Desh.	BENOIST, Cat. Syn. Test. fossiles, p. 99.
1891. — *miolamelloscides*	SACCO, I Moll. Terr. Terz. Part. IX, p. 45.

OBSERVATIONS.— Un fragment parfaitement reconnaissable; la figure de Wright montre un échantillon un peu plus allongé à tours plus ronds que la figure de Deshayes.

GISEMENTS.— Exemplaire figuré: Forno do Tijolo (Burdigalien).
Autres localités: Porto Brandão (Burdigalien).

SCALARIA *(Linctoscala)* MURICATA Risso
Pl. XXXIII, fig. 17

1826.	*Scalaria muricata*	Risso, Hist. Nat. Europe Méridionale, p. 113, pl. IV, fig. 45.
1847.	— *tenera*	Sowerby *in* Smith, On the Tertiary beds of the Tagus. Quart. Jour. Geol. Society, vol. III, p. 420, pl. XX, fig. 24.
1890.	— *muricata* Risso.	De Boury, Révision des Scalidae, p. 138.
1891.	*Hirtoscala muricata* —	Sacco, I Moll. Terr. Terz. Part. XI, p. 28 (non figuré).
1891.	*Scalaria muricata* —	De Boury, Étude critique Scalidae, p. 111, pl. IV, fig. 3.

Observations.— Ce n'est ni le *Sc. frondosa* Wood, Crag Mollusca, pl. VIII, fig. 15, les côtes sont moins nombreuses et l'étranglement sutural moins prononcé, ce n'est pas davantage le *Sc. frondicula* Wood, Crag Moll., pl. VIII, fig. 16; la forme est moins élancée et les côtes encore moins nombreuses.

Gisement.— Exemplaire figuré: Cacella (Tortonien).

SCALARIA *(Acrilla)* COPPII De Boury
Pl. XXXIII, fig. 18 *a*, 18 *b*, 18 *c* et 19

| 1890. | *Acrilla Coppii* | De Boury, Révision des Scalidae, p. 76, pl. IV, fig. 1. |
| 1891. | *Adiscoacrilla Coppii* De Boury. | Sacco, I Moll. Terr. Terz. Part. IX, p. 67, pl. II, fig. 66–67 méd. et 69. |

Observations.— Notre détermination est faite d'après les types du Musée de Lisbonne; la figure 18 est mauvaise, on observe des cordons spiraux entre les côtes qui n'ont pas été dessinées. Côtes irrégulièrement épaisses et inégalement serrées, plus nombreuses dans les premiers tours, elles deviennent plus tard grosses et variqueuses. Cfr. *Sc. Billaudeli* Mayer, Journ. Conchyl., 1864 et *Sc. Webbi* d'Orbigny, Canaries, 1840.

Gisement.— Exemplaires figurés: Cacella (Tortonien).

SCALARIA *(Turriscala)* TORULOSA Brocchi sp. *(Turbo)*
Pl. XXXIII, fig. 20

1814.	*Turbo torulosus*	Brocchi, Conch. subap., II, p. 377, pl. VII, fig. 4.
1856.	*Scalaria torulosa* Brocc.	Hoernes, Foss. Moll. Wien, I, p. 480, pl. 46, fig. 13.
1890.	*Turriscala torulosa* Brocc.	De Boury, Révision des Scalidae, p. 32.
1891.	— — —	Sacco, I Moll. Terr. Terz. Part. IX, p. 78, pl. II, fig. 80 à 86.

Observations.— Échantillon médiocre sur lequel il y aura peut-être lieu de revenir.

Gisement.— Exemplaire figuré: Foz da Fonte (Helvétien).

SCALARIA *(Fuscoscala)* TURTONIS Turton var. PIRTA De Gregorio
Pl. XXXIII, fig. 21 *a*, 21 *b*

1819.	*Scalaria Turtonis*	Turton, Conch. Dict., p. 208, pl. XXVII, fig. 97.
1825.	— *multilamella*	Basterot, Mém. géol. env. Bordeaux, p. 31, pl. I, fig. 15 *(non Deshayes).*
1826.	— *elegans*	Risso, Hist. Nat. Europe Méridionale, p. 113, pl. IV, fig. 49.
1887..	— *Turtonis* Turt.	De Gregorio, Iconog. Conch. Medit., I, p. 6, pl. unique, fig. 13, var. *pirta*.
1900.	— *tenuicostata* Michaud.	De Boury, Révision des Scalidae, p. 126.
1890.	*Fuscoscala Turtonis* Turt.	Sacco, I Moll. Terr. Terz. Part. IX, p. 16, pl. I, fig. 18, 20. var.
1900.	— *subvaricosa*	Ivolas et Peyrot *(non Cantraine)*, Contribution paléont. faluns Touraine, p. 64, pl. II, fig. 11 *(tantum).*

Observations.— Nous n'aurions pas établi cette identification si nous n'avions pas eu les exemplaires typiques sous les yeux; les figures montrent un méplat sutural qui n'existe pas et les côtes sont représentées trop fortes. Cette forme se distingue du type par ses stries spirales obscures, ses côtes obliques, ses tours légèrement plus convexes; les échantillons du Portugal sont identiques à ceux de Millas. Alt. 24 mm., lat. 9, anfract. 10.

Gisements.— Exemplaire figuré: Cacella (Tortonien).

Autres localités: Povoa de Santa Iria, Adiça, Rego (Tortonien).

12

SCALARIA *(Fuscoscala)* TURRITISSIMA D.C.G.n. sp.
Pl. XXXIII, fig. 22 *a*, 22 *b*

Testa turritissima, elegantissima; 13 vel 14 anfractibus rotundatis constructa; sutura profunda, obliqua; costis tenuibus, distantibus; intervallis tenuissime spiraliter sculptis; una vel duabus varicibus modicis in omnibus cingulis; apertura rotundata, peristoma perfecta; funiculo tenui ad periferam basim. Alt. 15 mm., lat. 4.

GISEMENT.— Exemplaire figuré: Cacella (Tortonien), (nombreux exemplaires).

SCALARIA *(Acrilla)* STEFANII DE BOURY
Pl. XXXIII, fig. 23

1890. *Scalaria Stefanii*	DE BOURY, Révision des Scalidae, p. 152.
1891. — —	DE BOURY, Étude critique des Scalidae, p. 122, pl. IX, fig. 9.
1891. *Acrilla Stephanii* De Boury.	SACCO, I Moll. Terr. Terz. Part. IX, p. 66, pl. II, fig. 64.

OBSERVATIONS.— Cette espèce n'est peut-être qu'une variété du *Sc. Libassii*, à côtes plus serrées, à tours plus ronds; on distingue des cordons spiraux très fins entre les côtes. Le *Sc. semicostata* Wood en diffère par ses tours moins ronds et son cordon basal plus accentué.

GISEMENT.— Exemplaire figuré: Cacella (Tortonien).

PYRAMIDELLA UNISULCATA DUJARDIN (ex typo)
Pl. XXXIII, fig. 25 et 26

1837. *Pyramidella unisulcata*	DUJARDIN, Mém. géol. Touraine, p. 282.
1840. — *terebellata*	GRATELOUP (*non* Férussac), Atlas Conchyl. Adour, pl. XI, fig. 80 (*tantum*).
1856. — *plicosa*	HOERNES (*non* Bronn), Foss. Moll. Wien, I, p. 492, pl. 46, fig. 20 *a, b*.
1892. — *unisulcata* Duj.	SACCO, I Moll. Terr. Terz. Part. IX, p. 30 (miocène seulement).

OBSERVATIONS.— Suture profonde, taillée à pic; l'espèce de Bronn qui est du Pliocène, publiée d'ailleurs après celle de Dujardin, possède une suture linéaire toute superficielle.

GISEMENTS.— Exemplaires figurés: Adiça (Tortonien); Margueira (Helvétien).
Autres localités: Cacella (Tortonien).

? ODONTOSTOMIA UNIDENTATA MONTAGU sp. *(Turbo)*
Pl. XXXIII, fig. 27

1803. *Turbo unidentatus*	MONTAGU, Testacea Britannica, p. 324.
1883. *Odostomia unidentata* Mont.	B.D.D. Mollusques du Roussillon, I, p. 161, pl. XIX, fig. 13-14.
1892. *Odontostomia unidentata* Mont.	SACCO, I Moll. Terr. Terz. Part. XI, p. 38, pl. I, fig. 82-85 (méd.).

OBSERVATIONS.— Dernier tour très grand, arrondi. Manque dans les collections.

GISEMENT.— Cacella (Tortonien).

ODONTOSTOMIA sp. Specimen detritum, incertum.
Pl. XXXIII, fig. 28

OBSERVATIONS.— Manque dans les collections.

XXXIV

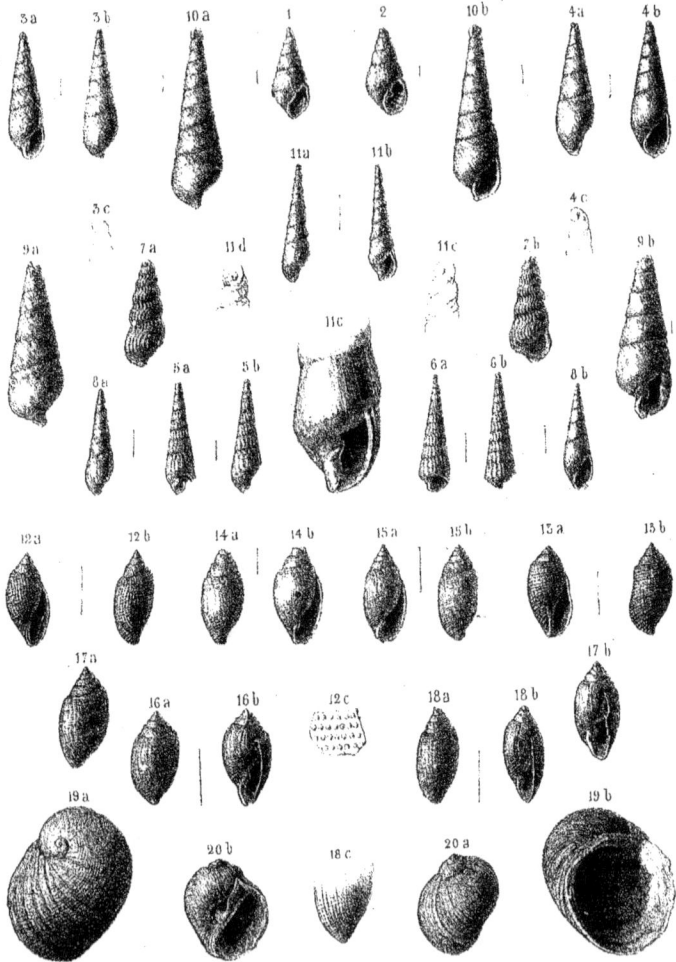

Cast ad lith.

PLANCHE XXXIV

ODONTOSTOMIA CONOIDEA Brocchi sp. *(Turbo)*

Pl. XXXIV, fig. 1

1814. *Turbo conoideus*   Brocchi, Conchyl. subap., II, p. 660, pl. XVI, fig. 2.
1840. *Tornatella hordeola* var. *subconica* Grateloup, Atlas Conchyl. Adour, pl. XI, fig. 41–42.
1884. *Odostomia conoidea* Brocchi.   B.D.D., Moll. marins du Roussillon, I, p. 159, pl. XXI, fig. 1–3.

Ex typo Mus. Lisbon. « Ultimo anfractu subcarinato, sutura profunda. » Conf. *Odon. acuta* Jeffr. *Alt.* 3 *mm.*, *lat.* 1,2, *anfr.* 6.

Gisements.— Exemplaire figuré: Cacella (Tortonien).
Autre localité: Margueira (Helvétien).

ODONTOSTOMIA PALLIDAEFORMIS Sacco

Pl. XXXIV, fig. 2

1840. *Tornatella hordeola*   Grateloup (*non* Férussac), Atlas Conchyl. Adour, pl. XI, fig. 39–40.
1892. *Odontostomia pallidaeformis* Sacco, I Moll. Terr. Terz., Part. XI, p. 35, pl. I. fig. 70 *bis*.

« Anfractus leviter convexiusculi, ultimus per magnus, convexus », *Ex specim. Mus. Lisbon. Alt.* 2,1 *mm.*, *lat.* 1, *anfr.* 5.

Gisement.— Exemplaire figuré: Cacella (Tortonien).

EULIMELLA ACICULA Philippi sp. *(Melania)*

Pl. XXXIV, fig. 3 a, 3 b, 3 c

1836. *Melania acicula*   Philippi, Enum. Molluscorum Siciliae, I, p. 158, pl. IX, fig. 6 (*non* Lam.).
1840? *Acteon subumbilicatus* Grateloup, Atlas Conchyl. Adour, pl, XI, fig. 51–52.
1884. *Eulimella acicula* Phil. B.D.D., Moll. marins du Roussillon, I, p. 187, pl. XX, fig. 17–18; II, p. 769.

Ex specim. in Mus. Lisbon. (non *A. auricula* Grat., *Eulima commutata* Monterosato). *Alt.* 3,5 *mm.*, *lat.* 1, *anfract.* 8.

Gisements.— Exemplaire figuré: Cacella (Tortonien).
Autre localité: Margueira (Helvétien).

ODONTOSTOMIA *(Macrodostomia)* MICHAELI Brugnone

Pl. XXXIV, fig. 4 a, 4 b, 4 c et 8 a, 8 b

1832? *Pyramidella planulata*   Cristofori et Jan, Catalog. rerum natur., II, p. 5 (courte diagnose).
1840? *Acteon tornatellea*   Grateloup, Atlas Conchyl. Adour, pl. XI, fig. 55–56 (*pars*).
1873. *Odostomia Michaelis*   Brugnone, Miscellanea Malacologica, I, p. 7, pl. I, fig. 7 (*mala*).
1876.   —   —   Brugnone, idem, II, p. 24, pl. I, fig. 33.
1892. *Macrodostomia bimichaelis* Sacco, I Moll. Terr. Terz. Part. XI, p. 43, pl. I, fig. 93 *bis* (*tantum*).

Ex specim. Mus. Lisbon. Coquille lisse, suture inégale, environ 7 tours, pli columellaire faible, ouverture médiocre, ovalaire. Alt. 6 à 7 mm., lat. 2.

Gisements.— Exemplaires figurés: Cacella (Tortonien).
Autre localité: Margueira (Helvétien).

14

TURBONILLA GRACILIS Brocchi sp. *(Turbo)*
Pl. XXXIV, fig. 5 *a*, 5 *b*

1814. *Turbo gracilis*   Brocchi, Conchyl. subap., II, p. 168, pl. VII, fig. 6.
1840. *Acteon terebralis*   Grateloup, Atlas Conchyl. Adour, pl, XI, fig. 67–68.
1854. *Turbonilla gracilis* Broc.   Hoernes, Foss. Moll. Wien, t. I, p. 498, pl. 43, fig. 28.
1892. *Pyrgolampros gracilis* Broc. Sacco, I Moll. Terr. Terz., Part. XI, p. 89, pl. II, fig. 98! 99?

Ex specim. Alt. 3,5, mm., lat. 1,7, anfr. 7.

Gisements.— Exemplaire figuré: Cacella (Tortonien).
Autre localité: Margueira (Helvétien).

TURBONILLA COSTELLATA Grateloup sp. *(Acteon)*
Pl. XXXIV, fig. 6 *a*, 6 *b*

1840. *Acteon costellata*   Grateloup, Atlas Conchyl. Adour, pl. XI, fig. 69–70 *(méd.)*.
1859. *Chemnitzia Lanceae*   Libassi, Conch. fossile, p. 21, pl. unica, fig. 6 *(rectius Lanoiai)*.
1892. *Pyrgostylus Lanceae* Lib. Sacco, I Moll. Terr. Terz., Part. XII, p. 8; Part. XI, pl. II, fig. 139.

Ex specim. Alt. 8 mm., lat. 2, anfr. 10.

Gisement.— Exemplaire figuré: Cacella (Tortonien).

TURBONILLA CURVICOSTATA Wood sp. *(Chemnitzia)*
Pl. XXXIV, fig. 7 *a*, 7 *b*

1848. *Chemnitzia curvicostata* Wood, Crag Mollusca, p. 79, pl. X, fig. 1.

Ex typo Mus. Lisbon. Striis spiralibus paulum perspicuis inter costellis. Alt. 2,2 mm., lat. 0,8, anfr. 5.

Gisement.— Exemplaire figuré: Cacella?

EULIMELLA SCILLAE Scacchi sp. *(Melania)*
Pl. XXXIV, fig. 10 *a*, 10 *b*

1835. *Melania Scillae*   Scacchi Conchig. fossili di Gravina, Ann. Civili, VII, p. 11, n.º 147, pl. II, fig. 2 *(typo)*.
1840. *Actœon dubia*   Grateloup, Atlas Conchyl. Adour, pl. XI, fig. 48–49 *(tantum)*.
1859. *Eulimella Scillae* Scac. Sowerby, Illust. Index British Shells, pl. XIV, fig. 26.

Gisement.—Exemplaire figuré: Margueira (Helvétien).

EULIMELLA SCILLAE Scacchi var. EXTYPOCONICA Sacco
Pl. XXXIV, fig. 9 *a*, 9 *b*

1844. *Eulima Scillae* Scac.   Philippi, Enum. Moll. Siciliae, II, p. 135, pl. XXIV, fig. 6.
1840? *Acteon incerta*   Grateloup, Atlas Conchyl., XI, p. 61–62 *(tantum)*.
1892. *Eulimella Scillae* var. *extypoconica* Sacco, I Moll. Terr. Terz., Part. XI, p. 50, pl. II, fig. 2 *(méd.)*, sub-nomine *ante conica* Sacco.

Ex specim. Alt. 8 mm., lat. 2, anfr. 9.

Gisement.—Exemplaire figuré: Margueira (Helvétien).

15

EULIMELLA STRANGULATA D.C.G. n. sp.

Pl. XXXIV, fig. 11 a, 11 b, 11 c, 11 d

Testa minuta, turritissima, anfractibus decem, planis, laevigatis, sutura profunda, strangulata, obliqua; anfractu ultimo subangulato; apertura subrhomboidea, columella recta, uniplicata, labrum arcuatum; apice heterostropho. (Specim. non videmus.) Alt. 8 mm., lat. 2.

Gisement.— Exemplaire figuré: Cacella?

ACTEON SALINENSIS Benoist

Pl. XXXIV, fig. 12 a, 12 b, 12 c

1888. *Acteon Salinensis* E. Benoist, Description Céphal. Ptér. et Gast. Opisthob. du Sud-Ouest *in* Act. Soc. Linn. Bordeaux, 1889, p. 66, pl. V, fig. 5.

Observations.— Forme longue, non ventrue, surface couverte de stries et de sillons spiraux qui déterminent une granulation régulière.

Gisement.— Exemplaire figuré: Cacella (Tortonien).

ACTEON *(Acteonidea)* ACHATINA Bonelli sp.

Pl. XXXIV, fig. 13 a, 13 b

1842. *Tornatella achatina* Bon. mss. *in* Sismonda, Observ. Geol. Terz. Piemonte, p. 34.
1894. *Acteonidea achatina* Bon.   Sacco, I Moll. Terr. Terz., Part. xxii, p. 36. pl. III, fig. 42–45.

Observations.— Espèce allongée, elliptique, spire courte, suture assez profonde, surface couverte de stries spirales assez profondes, dominantes, coupée de côtes fines. Columelle rectiligne, tordue; ouverture tronquée à la base.

Gisement.— Exemplaire figuré: Cacella (Tortonien).

ACTEON SEMISTRIATUS Defrance sp. *(Tornatella)*

Pl. XXXIV, fig. 14 a, 14 b

1822. *Tornatella semistriata*   Defrance mss. *in* Férussac, Tableau systématique des anim. mollusques, p. 108.
1825. — —   Defr. Basterot, Mém. Géol. env. Bordeaux, p. 25.
1847. — —   Bast. Sowerby *in* Smith, Tertiary Beds of the Tagus, p. 414.
1897. *Acteon semistriatus* Fér.   Sacco, I Moll. Terr. Terz., Part. xxii, p. 33, pl. III, fig. 21–23.

Ex typo Mus. Lisbon. Partie centrale lisse.

Gisements.— Exemplaire figuré: Cacella (Tortonien).
Autres localités: Adiça, Rego (Tortonien); Margueira (Helvétien).

ACTEON SEMISTRIATUS Férussac var. TOTOSTRIATA Sacco

Pl. XXXIV, fig. 15 a, 15 b

1897. *Acteon semistriatus* Fér. var. *totostriata* Sacco, I Moll. Terr. Terz., Part. xxii, p. 34, pl. III, fig. 29–31.

Ex specim. Mus. Lisbon. Forme couverte totalement de stries spirales. Alt. 12 mm., lat. 5, anfr. 6.

Gisement.— Exemplaire figuré: Margueira (Helvétien).

ACTEON TORNATILIS Linné sp. *(Voluta)*

Pl. XXXIV, fig. 16 a, 16 b, 17 a, 17 b

1766. *Voluta tornatilis*   Linné, Systema Naturae. Edit. xii, p. 1187.
1889. *Acteon tornatilis* L. Benoist, Descr. Céph. Ptér. Gastérop. Opisthob. du Sud-Ouest, p. 30, pl. III, fig. 2.
1897. — —   L. Sacco, I Moll. Terr. Terz., Part. xxii, p. 31, pl. III, fig. 3–6.

16

Observations.— Les figures correspondent à une variété *minor* qui a été désignée comme *A. pinguis* par quelques auteurs. Alt. 20 mm., lat. 9, anfr. 7.

Gisements.— Exemplaires figurés: Cacella (Tortonien).
Autres localités: Rego (Tortonien); Margueira (Helvétien).

ACTEON STRIATELLUS Grateloup *(Auricula)*

Pl. XXXIV, fig. 18 *a*, 18 *b*, 18 *c*

1827. *Auricula striatella*   Grateloup, Tableau Coquilles fossiles Adour, n.° 68.
1840. *Tornatella striatella*   Grateloup, Atlas Conchyl. Adour, pl. xi, fig. 27–29.
1889. *Acteon striatellus* Grat. Benoist, Céph. Ptér. Gastr. du Sud-Ouest, p. 64, pl. V, fig. 2.

Observations.—Nous supposons que le treillis figuré sous le numéro 18^c correspond à un grossissement d'une petite région de la base dans la région dorsale, ce n'est peut-être encore qu'une variété d'ornementation de *A. semistriatus* Defr.

Gisement.—Exemplaire figuré: Cacella?

SIGARETUS STRIATUS Marcel de Serres var. TURONENSIS Récluz

Pl. XXXIV, fig. 19 *a*, 19 *b* et pl. XXXVI, fig. 22

1829. *Sigaretus striatus*   M. de Serres, Géognosie Terr. Tert. du Midi de la France, p. 127, pl. III, fig. 13–14.
1843.   —   *Turonicus*   Récluz *in* Chenu, Illustrat. Conchyl., p. 23, pl. IV, fig. 7 *(melius turonensis)*.
1847.   —   *canaliculatus*   Sowerby *in* Smith, Tertiary Beds of the Tagus, p. 414.
1868.   —   *striatus* M. de Serres. Weinkauff. Conchyl. d. Mittelm., ii, p. 259.

Observations.—C'est le *S. haliotideus* Brocchi, Bronn, Sismonda, Dujardin, etc. *(non* Linné). La figure 19 représente un individu très vieux.

Ex specimen. Mus. Parisien.

Gisements.—Cacella, Adiça, Rego (Tortonien); Mutella part. inf., Margueira (Helvétien).

NATICA PSEUDO-EPIGLOTTINA Sismonda

Pl. XXXIV, fig. 20 *a*, 20 *b*

1847. *Natica pseudo-epiglottina*   Sismonda, Synopsis Method. Pedemont., p. 51.
1891.   —   *epiglottina* var. *funicillata* Sacco, I Moll. Terr. Terz., Part. viii, p. 60, pl. II, fig. 27.

Observations.— C'est le *Natica epiglottina* Brongniart, Bronn, etc. *(non* Lamarck), *Natica helicina* Hoernes *(non* Brocchi), c'est peut-être le *Natica neglecta* Mayer 1858 et le *Natica Beneckei* Von Koenen 1882. Coquille globuleuse, spire peu élevée, mais á tours ronds bien distincts. Ombilic assez large et profond; une callosité periforme, funiculaire, parfaitement isolée entre deux sillons est située au milieu du bord columellaire. Ouverture grande, labre hemicirculaire mince, faible callosité suturale. Alt. 17 mm., lat. 15. anfr. 4.

Gisement.—Exemplaire figuré: Margueira (Helvétien).

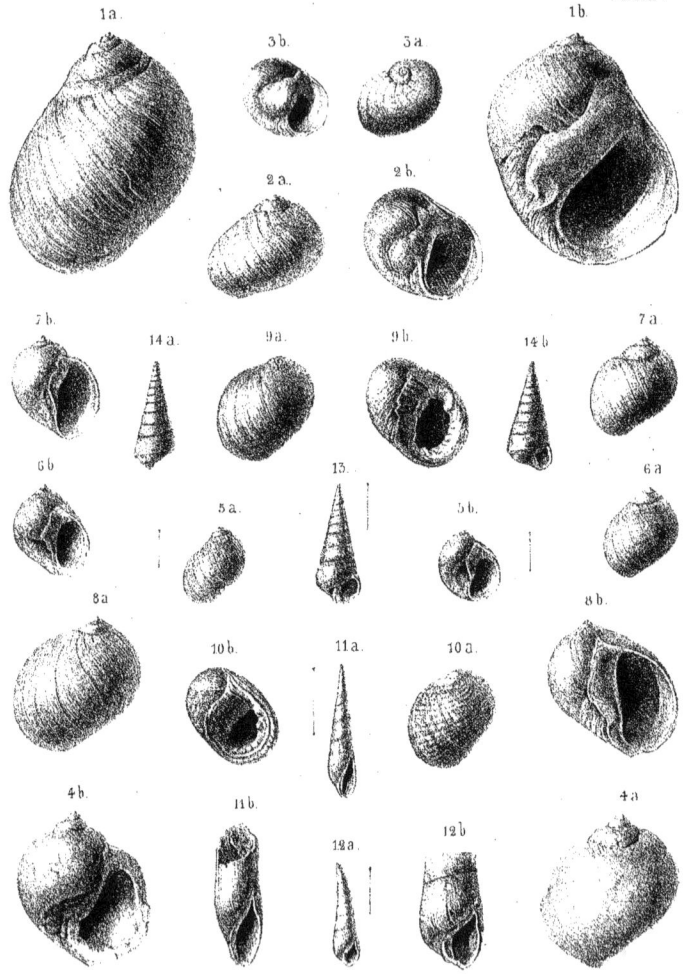

XXXV

1a. 3b. 3a. 1b.

2a. 2b.

7b. 14a. 9a. 9b. 14b. 7a.

6b. 13. 5a. 5b. 6a.

8a. 10b. 11a. 10a. 8b.

4b. 11b. 12a. 12b. 4a.

Cast re lith

PLANCHE XXXV

NATICA *(Pollinices)* REDEMPTA Michelotti
Pl. XXXV, fig. 1 a, 1 b

1847. *Natica redempta*   Michelotti, Foss. Terr. Mioc. Ital. Sept., p. 157, pl. VI, fig. 6.
1856. —   —   Mich. Hoernes, Foss. Moll. Wien, p. 522, pl. 47, fig. 3.

Gisements.—Exemplaire figuré: Cacella (Tortonien).

Autres localités: Adiça, Rego, Portinho da Arrabida, Braço de Prata, Cabo Ruivo, Olivaes, Povoa de Santa Iria (Tortonien); Margueira, Xabregas (Helvétien).

NATICA *(Neverita)* JOSEPHINIA Risso (type)
Pl. XXXV, fig. 2 a, 2 b

1826. *Neverita Josephinia* Risso, Hist. Nat. Eur. Mérid., iv, p. 149, pl. IV, fig. 43.
1829. *Natica olla*   Marcel de Serres, Géog. Terr. Tert., p. 102, pl. I, fig. 1-2.

Gisements.—Exemplaire figuré: Cacella (Tortonien).

Autres localités: Adiça, Rego, Mutella part. sup., Casal das Rolas, Povoa de Santa Iria (Tortonien); Margueira, Xabregas (Helvétien).

NATICA *(Neverita)* JOSEPHINIA Risso var. PLIOSPIRALATA Sacco
Pl. XXXV, fig. 3 a, 3 b

1891. *Neverita Josephinia* Risso var. *pliospiralata* Sacco, I Moll. Terr. Tert., Part. viii, p. 88, pl. II, fig. 60.

Testa minus depressa, interdum major, subconica; spira elatior, subacuta. Anfractus ultimus crassior, convexior, ad suturam depressus. Apertura superne angustior (Sacco).

Gisements.—Cacella (Tortonien); Margueira, Xabregas (Helvétien); Forno do Tijolo (Burdigalien).

NATICA CIRRIFORMIS Sowerby
Pl. XXXV, fig. 4 a, 4 b

1823. *Natica cirriformis*   Sowerby, Mineral Conchology, pl. 479, fig. 1.
1840. — *tigrina*   Grateloup (non Defrance) var B: *crassiuscula*, Atlas Conchyl. Adour, pl. IX, fig. 12-13.
1845. — *cirriformis* Sow. Nyst, Descript. Coq. foss. Belgique, p. 444.
1848. —   —   Sow. Wood, Crag Mollusca, i, p. 145, pl. XVI, fig. 7.
1891 ? — *millepunctata*   Sacco var. *miopunctatissima* Sacco, I Moll. Terr. Terz., Part. viii, p. 47, pl. II, fig. 6.

Observations.—Ombilic large, profond, dépourvu de cordon funiculaire ou d'épaississement columellaire, bord columellaire rectiligne oblique, spire peu saillante, dernier tour très grand, bien arrondi.

Ex specim.

Gisement.—Exemplaire figuré: Forno do Tijolo (Burdigalien).

NATICA PERPUSILLA Sowerby
Pl. XXXV, fig. 5 a, 5 b

1847. *Natica perpusilla* Sowerby *in* Smith, Tertiary Beds of the Tagus, p. 420, pl. 20, fig. 33 a, b, c.
1840 ? — *turbinoides* Grateloup, Atlas Conchyl. Adour, pl. X, fig. 25. ·

Observations.—Nous ne savons s'il faut considérer cette forme comme fondée sur des individus jeunes, ou

18

comme une forme spéciale; ses caractères sont simples et peu accusés, les tours à peine marqués, l'ombilic libre, le bord columellaire épaissi par le renfort de la callosité suturale.

Ex specim. Alt. 7 mm., lat. 6, anfr. 4.

GISEMENTS.— Margueira, Xabregas (Helvétien).

NATICA *(Naticina)* ALDERI FORBES
Pl. XXXV, fig. 6 a, 6 b

1826 ? *Natica pulchella*	RISSO, Hist. Nat. Eur. Mérid., IV, p. 148, pl. IV, fig. 42.
1838. — *Alderi*	FORBES, Malacologia Monensis, p. 31, pl. II, fig. 6–7.
1848. — *proxima*	WOOD, Crag Mollusca, I, p. 143, pl. XVI, fig. 4.
1883. — *Alderi* Forbes.	B.D.D. Moll. marins du Roussillon, I, p. 143, pl. XVIII, fig. 13–16.

OBSERVATIONS.— C'est encore *Natica intermedia* Philippi (*non* Deshayes), *N. Marochiensis* Phil. (*non* Gmel.). Coquille ovale oblique, couchée, ombilic simple, étroit, profond, canaliculé, bord columellaire épaissi à la jonction du dernier tour et jusqu'à la surface, labre hemicirculaire.

Ex specim. Alt. 23 mm., lat. 20, anfr. 5.

GISEMENT.— Exemplaire figuré: Cacella (Tortonien).

NATICA *(Naticina)* CATENA DA COSTA sp.
Pl. XXXV, fig. 7 a, 7 b

1778. *Cochlea catena*	DA COSTA, British Conchol., p. 83, pl. V, fig. 7.
1814. *Nerita helicina*	BROCCHI, Conchyl. subap., II, p. 297, pl. I, fig. 10.
1883. *Natica catena* Da Costa.	B.D.D. Moll. marins du Roussillon, I, p. 146, pl. XVII, fig. 5–6.
1891. *Naticina catena* Da Costa.	SACCO, I Moll. Terr. Terz., Part. VIII, p. 67, pl. II, fig. 38–39 (*tantum*).

OBSERVATIONS.— C'est le *Natica monilifera* Lamk., le *N. canrena* Turt. Coquille obronde, droite, ombilic simple, très profond. Bord columellaire peu épaissi. Tours ronds, suture bien distincte, labre mince.

Ex specim.

GISEMENT.— Cacella (Tortonien).

NATICA *(Polinices)* SUBMAMILLA D'ORBIGNY
Pl. XXXV, fig. 8 a, 8 b

1842. *Natica mamilla*	SISMONDA (*non* Linné), Synop. Meth., 1re édit., p. 27.
1852. — *submamilla*	D'ORBIGNY, Prodrome de Paléont., III, p. 38, Et. 26–265.
1891. *Polinices miocolligens* var. *pseudo-* *mamilla*	SACCO, I Moll. Terr. Terz., Part. VIII, p. 93, pl. II, fig. 69.

Alt. 25 mm., lat. 24, anfr. 4.

GISEMENT.—Cacella (Tortonien).

NERITA MORIO DUJARDIN
Pl. XXXV, fig. 9–10

1837. *Nerita morio*	DUJARDIN, Mém. Géol. Touraine, p. 70.
1840. — *sulcosa*	GRATELOUP (*non* Brocchi), Atlas Conchyl. Adour, pl. V, fig. 33.
1840. — *plicata*	GRATELOUP (*non* Lamarck.), idem, pl. V, fig. 27–28.
1842 ? — *Martiniana*	MATHERON, Catal. Méth. Corps organisés fossiles, p. 228, pl. 38, fig. 12–13.
1896. — *Emiliana* Mayer.	SACCO, I Moll. Terr. Terz., Part. XX, p. 49, pl. V, fig. 47.

OBSERVATIONS.— D'après l'examen des types il ne reste pas de doute que l'exemplaire fig. 9 qui paraît lisse est un échantillon roulé de l'espèce costulée fig. 10. On voit encore les côtes à la loupe à certaines places. Ce n'est pas la *N. gigantea* Bell. et Mich. comme l'avait pensé Pereira da Costa.

GISEMENT.— Exemplaires figurés: Cacella (Tortonien).

19

EULIMA *(Leiostraca)* SUBULATA Donovan
Pl. XXXV, fig. 11 a, 11 b

1803. *Turbo subulatus*   Donovan, British Shells, t. v, pl. 172.
1884. *Eulima subulata* Don.   B.D.D., Moll. marins du Roussillon, i, p. 193, pl. XXI, fig. 9–10.
1892. *Subularia subulata* Don. Sacco, I Moll. Ter. Terz., Part. xi, p. 13, pl. l, fig. 20.

Ex specim. in Mus. Lisbon. preserv.; non rara. Alt. 11 *mm., lat.* 3, *anfr.* 11.

Gisements.— Exemplaire figuré : Cacella (Tortonien).
Autres localités : Adiça (Tortonien); Margueira (Helvétien).

EULIMA SUBBREVIS d'Orbigny
Pl. XXXV, fig. 12 a, 12 b

1847. *Eulima brevis*   Sismonda (*non* Sowerby), Synop. Meth., p. 53.
1852. — *subbrevis*   d'Orbigny, Prod. de Paléont., iii, p. 167. Et. 27–63.
1855. — *polita*   Hornnes (*non* Linné), Foss. Moll. Wien, i, p. 544, pl. 49, fig. 22.
1892. — *polita* var. *subbrevis* d'Orb. Sacco, I Moll. Terr. Terz., Part. xi, p. 4. pl. I, fig. 4.

Observations.— Ce n'est pas le *Turbo politus* Linné, ni *Eulima inflexa* Blainville, ni encore *Melania distorta* Defrance. *Ex specim. Alt.* 9 *mm., lat.* 3, *anfr.* 10.

Gisement.— Margueira (Helvétien).

NISO EBURNEA Risso
Pl. XXXV, fig. 13

1826. *Niso eburnea*   Risso, Hist. Nat. Eur. Mérid., iv, p. 219, pl. VII, fig. 98.
1854. — — Risso.   Hornnes, Foss. Moll. Wien, i, p. 549, pl. 49, fig. 18.
1892. — *terebellum* var. *acarinata* Sacco I Moll. Terr. Terz., Part. xi, p. 23, pl. I, fig. 46 (méd.).

Observations.— *Dificiit in Museo.*

Gisement.— Incertain.

NISO BURDIGALENSIS d'Orbigny
Pl. XXXV, fig. 14 a, 14 b

1840. *Bonellia terebellata* Grateloup (*non* Lamarck.), Conchyl. foss. Adour, pl. IV, fig. 15–16.
1852. *Niso Burdigalensis* d'Orbigny, Prod. de Paléont., iii, p. 34, Et. 26–486.
1892. — *terebellum* Sacco var. *postburdigalensis,* I Moll. Terr. Terz., Part. xi, p. 22, pl. I, fig. 43.

Observations.— Tours plats, suture subhorizontale, ouverture subquadrangulaire, dernier tour caréné à la périphérie.
Ex specim. (non rara). Alt. 10 *mm., lat.* 4, *anfr.* 14.

Gisement.— Cacella (Tortonien).

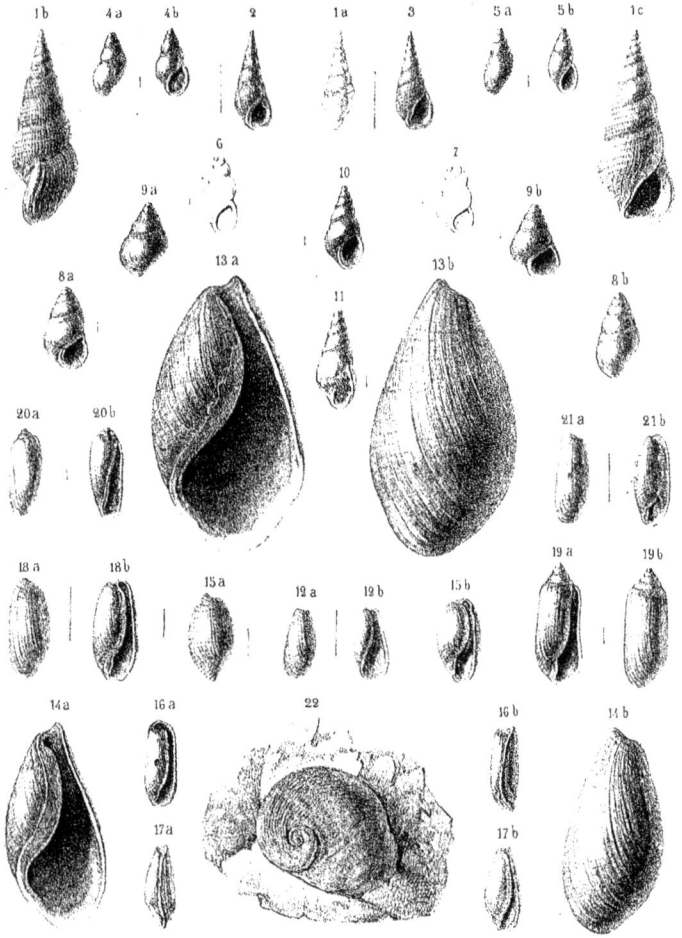

XXXVI

PLANCHE XXXVI

RISSOINA OBSOLETA Partsch
Pl. XXXVI, fig. 1 a, 1 b, 1 c, 3 et 2?

1856. *Rissoina obsoleta* Partsch *in* Hoernes, Foss. Moll. Wien, ı, p. 556, pl. 48, fig. 3.
1860. — — Partsch, Schwartz von Mohrenstern, Ueber die Familie der Rissoiden, p. 78, pl. V, fig. 42.
1895. *Zebinella obsoleta* Partsch. Sacco, I Moll. Terr. Terz., Part. xvııı, p. 38, pl. I, fig. 110.

Observations.— Cette espèce se distingue facilement de ses voisines, du *R. extranea* Eichw. par ses côtes moins accentuées et toute son ornementation plus fine, du *R. decussata* Mont. par ses tours plus nombreux, sa suture moins oblique, son dernier tour moins haut. Alt. 13 mm., lat. 5, anfr. 9.

Nous ne distinguons qu'une espèce parmi tous les exemplaires examinés dans la collection.

Gisement.—Exemplaires figurés: Cacella (Tortonien).

RISSOIA *(Cingula)* VITREA Montagu sp. *(Turbo)*
Pl. XXXVI, fig. 4 a, 4 b? et 5 a, 5 b!

1803. *Turbo vitreus* Montagu, Testacea Britannica, ıı, p. 321, pl. XII, fig. 3.
1859. *Rissoa vitrea* Mont. Sowerby, Illust. Index British Shells, pl. XIII, fig. 27.
1886. *Cingula vitrea* Mont. Locard, Cat. moll. vivants marins de France, p. 269.

Observations.— Coquille brillante, laiteuse, très mince, un peu pupoïde; cinq tours ronds à suture oblique assez profonde, dernier tour grand, ovalaire, ouverture obronde un peu rétrécie vers la suture, lignes d'accroissement extrêmement fines. Péristome mince, continu, appliqué sur le dernier tour et formant columelle. Les échantillons conformes à la figure 5 sont abondants, mais nous n'avons rien vu correspondant exactement à la figure 4, que nous supposons une variété un peu trapue.

Ex specim. Alt. 2 1/4 *mm., lat.* 1 1/4.

Gisements.— Cacella (Tortonien); Margueira (Helvétien).

RISSOIA sp.?
Pl. XXXVI, fig. 6-7

Parvissima specimina fracta et incerta.

Gisement.— Cacella?

RISSOIA *(Peringiella)* GLABRATA Mühlfeld sp. *(Helix)*
Pl. XXXVI, fig. 8 a, 8 b

1824. *Helix glabrata* Megerle v. Mühlfeld, Verhandl. Berl. Geselsch., ı, p. 218, pl. III, fig. 10.
1859. *Rissoa glabrata* Mühl. Sowerby, Illustr. Index British Shells, pl. XiV, fig. 10.
1884. — — — B.D.D. Moll. marins du Roussillon, p. 312, pl. XXXVII, fig. 19-21.
  Conf. *Pisinna pupa* Dod. mss. *in* Sacco 1885, *R. punctulum* Phil., *R. sabulum* Cantr.?

Alt. 1 3/4 mm, lat. 1.

Gisement.— Cacella?

ASSIMINEA SICANA Brugnone? (1876)
Pl. XXXVI, fig. 9 a, 9 b

Abest.

Gisement.— Cacella?

21

HYDROBIA ULVAE Pennant (Turbo)

Pl. XXXVI, fig. 10-11

1776. *Turbo ulvae*   Pennant, British Zool. Edit. iv, t. iv, p. 132, pl. 86, fig. 120 (méd.).
1803.   —   *ventrosus*   Montagu, Testacea Britannica, ii, p. 317, pl. XII, fig. 13.
1859. *Rissoa ulvae* Penn.   Sowerby, Illustr. Index British Shells, pl. XIII, fig. 3.
1865. *Hydrobia ulvae* Penn.   Frauenfeld, Gattung Paludina, p. 96.
1882. *Paludestrina acuta*   Locard, Catal. génér. Moll. saum., p. 239.
1882. *Peringia ulvae*   Locard, idem, p. 241.
1895. *Hydrobia ventrosa* Mont. Sacco, I Moll. Terr. Terz., Part. xviii, p. 41.
1895. *Nematurella subcarinata* Bonelli mss *in* Sacco, Part. xviii, p. 44-45, pl. I, fig. 123 et var. *carinatior*, fig. 124.

Observations.— Il n'est pas certain que les exemplaires figurés soient fossiles, les figures sont peu exactes, la suture est trop oblique et n'est pas réelment bordée par un angle supérieur, il n'y a aucun trace de denticulation columellaire, et le péristome est continu. En réalité la spire est régulièrement conique, à tours très peu convexes, à suture presque horizontale. On sait qu'à l'état vivant cette espèce, extrèmement répandue, présente des variations très nombreuses qui ont conduit à une synonymie effroyable dans laquelle il n'est pas facile de se reconnaître.

Ex specim. Alt. 3 $^1/_2$ *mm., lat.* 1 $^1/_2$.

Gisement.— Incertain.

SCAPHANDER GRATELOUPI Michelotti sp. (Bulla)

Pl. XXXVI, fig. 12 a, 12 b

1840. *Bulla Fortisii*   Grateloup (*non* Brongn.), Atlas Conchyl. Adour, pl. II, fig. 3 (t. méd.).
1847.   —   *Grateloupi*   Michelotti, Fossiles Mioc. Ital. Sept., p. 150.
1852. *Scaphander Grateloupi*   d'Orbigny, Prod. Paléont., iii, p. 95, Et. 26-1768.
1897.   —   *lignarius* L. var. *Grateloupi* Mich.   Sacco, I Moll. Terr. Terz., Part. xxii, p. 44, pl. III, fig. 104 à 112.

Observations.— Stries spirales très nombreuses, profondes, fines; lignes d'accroissement fortement courbées. Taille toujours très faible (4 mm. sur 2), bien moins conique que le *S. lignarius*.

Ex specim.

Gisement.— Exemplaire figuré: Cacella (Tortonien).

SCAPHANDER LIGNARIUS Linné sp. (Bulla)

Pl. XXXVI, fig. 13 a, 13 b, 14 a, 14 b

1760. *Bulla lignaria*   Linné, Syst. Naturae, xii, p. 1184.
1840.   —   —   Lin.   Grateloup, Atlas Conchyl. Adour, pl. II, fig. 1-2.
1856.   —   —   Lin.   Hoernes, Foss. Moll. Wien, i, p. 616, pl. 50, fig. 1.
1886. *Scaphander lignarius* L. B.D.D., Moll. marins du Roussillon, p. 536, pl. 63, fig. 1-2.
1897. *Bulla lignaria* Lin.   Sacco, I Moll. Terr. Terz., Part. xxii, p. 43, pl. III, fig. 94-95.

Gisements.— Exemplaires figurés: Adiça, Cacella (Tortonien).

Autres localités: Rego, Casal das Rolas (Tortonien); Margueira, Val-de-Chellas, Xabregas, Marvilla, Poço do Bispo (Helvétien).

ROXANIA UTRICULUS Brocchi sp. (Bulla)

Pl. XXXVI, fig. 15 a, 15 b

1814. *Bulla utriculus*   Brocchi, Conch. Foss. subap., ii, p. 633, pl. I, fig. 6.
1856.   —   —   Broc.   Hoernes, Foss. Moll. Wien, i, p. 618, pl. 50, fig. 2.
1859.   —   *Cranchii* Leach.   Sowerby, Illustr. Index British Shells, pl. XX, fig. 17.
1897. *Roxania utriculus* Broc. Sacco, I Moll. Terr. Terz., Part. xxii, p. 45, pl. III, fig. 127-129.

22

OBSERVATIONS.— Coquille régulièrement ovale, stries spirales au sommet et à la base, laissant toujours un espace central lisse, plus ou moins serrées. Spire nettement ombiliquée. *Non B. utriculus* Grat.

Ex specim. Alt. 7 mm., lat. 4.

GISEMENTS.— Exemplaire figuré: Cacella (Tortonien).

Autre localité: Margueira (Helvétien).

BULLINELLA CYLINDRACEA PENNANT sp. *(Bulla)* var. CONVOLUTA BROCCHI
Pl. XXXVI, fig. 16 a, 16 b

1777. *Bulla cylindracea*	PENNANT, Zool. Britannica, IV, p. 117, pl. LXX, fig. 85.
1814. — *convoluta*	BROCCHI, Conchyl. subap., II, p. 277, pl. I, fig. 7.
1886. *Cylichna cylindracea* Penn.	B.D.D., Moll. marins du Roussillon, I, p. 521, pl. 44, fig. 1–3.
1897. *Bullinella cylindracea* Penn.	SACCO, I Moll. Terr. Terz., Part. XXII, p. 49, pl. IV, fig. 7–10.

OBSERVATIONS.— *Ex specim. Alt.* 8 *mm., lat.* 3. *var. convoluta* Brocc , *minor et gracilior* (Sacco).

GISEMENTS.— Exemplaire figuré: Margueira (Helvétien).

Autres localités: Cacella, Adiça (Tortonien).

BULLINELLA *(Cylichnina)* ELONGATA EICHWALD sp. *(Bulla)*
Pl. XXXVI, fig. 17 a, 17 b

1830. *Bulla elongata*	EICHWALD, Naturhist. Skizze Lithauen, p. 214.
1840. — *conulus*	GRATELOUP (non Desh.), Atlas Conchyl. Adour, pl. II, fig. 4–5 (méd.).
1852. — *subconulus*	D'ORBIGNY, Prod. Paléont., III, p. 95, Et. 26–1778.
1853. — *elongata*	EICHWALD, Lethaea Rossica, III, p. 305, pl. XI, fig. 15 (bonne).
1897. *Cylichnina elongata*	SACCO, I Moll. Terr. Terz. Part. XXII, p. 50, pl. IV, fig. 13–14 (méd.).

OBSERVATIONS.— Quelques échantillons présentent des érosions dans le test qui accentuent les stries spirales, (*non* Bronn *nec* Philippi).

Ex specim. Alt. 5 *mm., lat.* 2.

GISEMENTS.— Exemplaire figuré: Cacella (Tortonien).

Autre localité: Margueira (Helvétien).

BULLINELLA *(Cylichnino)* CLATHRATA DEFRANCE sp. *(Bulla)*
Pl. XXXVI, fig. 18 a, 18 b

1817. *Bulla clathrata*	DEFRANCE, Dict. Sc. Nat., V, p. 131. Suppl.
1825. — —	BASTEROT, Mém. géol. env. de Bordeaux, p. 21, pl. I, fig. 10.
1840. — *Tarbelliana*	GRATELOUP, Atlas Conchyl. Adour, pl. II, fig. 29–30 (mieux *Tarbellensis*).
1856. — *clathrata* Defr.	HOERNES, Foss. Moll. Wien, I, p. 623, pl. 50, fig. 8.
1874. — *Tarbelliana* Grat.	BENOIST, Catal. Sys. et rais., p. 125 (carrière Giraudeau).
1897. *Cylichnina clathrata* Defr.	SACCO, I Moll. Terr. Terz., Part. XXII, p. 51.

OBSERVATIONS.— Les petites érosions quadrillées du test n'existent ni sur tous les échantillons, ni sur toute la surface. Coquille régulière ovale-cylindrique, stries d'accroissement fines et nombreuses, quelques sillons spiraux à la base; ombilic étroit; ouverture étroite, régulière; columelle simple, faiblement bordée à la base.

Ex specim. Alt. 17 *mm., lat.* 7 (*Bulla ovulata* Br. non auct. Margueira *in specim.*).

GISEMENTS.— Cacella (Tortonien); Margueira (Helvétien).

TORNATINA LAJONKAIREI BASTEROT sp. *(Bulla)*
Pl. XXXVI, fig. 19 a, 19 b

1825. *Bulla Lajonkaireana*	BASTEROT, Mém. géol. env. Bordeaux, p. 22, pl. I, fig. 25 (*pars*).
1840. *Bullina Lajonkaireana* Bast.	GRATELOUP, Atlas Conchyl. Adour, pl. II, fig. 45–46.
1889. *Tornatina Lajonkaireana* Bast.	BENOIST, Descr. Céphal. Ptérop. et Gastr. Opisthobr. du Sud-Ouest, p. 72, pl. V, fig. 8.
1895. — —	Bast. COSSMANN, Essai de Paléoconchol. comparée, I, p. 81, pl. III, fig. 26–27.

23

OBSERVATIONS.— *Ex specim. Alt. 8 mm., lat. 1. var. cylindrica, spira elevata. B. usturtensis?* EICHWALD, Lethaea Rossica, pl. XI, fig. 20.

GISEMENT.— Cacella (Tortonien).

TORNATINA VOLHYNENSIS EICHWALD sp. *(Acicula)*
Pl. XXXVI, fig. 20 a, 20 b

1830. *Acicula Volhynica* EICHWALD, Naturhist. Skizze von Lithauen, p. 215.
1853. *Bullina* — EICHWALD, Lethaea Rossica III, p. 308, pl. XI, fig. 18.

OBSERVATIONS.— Hoernes considère cette forme comme une variété de la précédente, cependant les figurations sont bien distinctes, celle-ci est plus allongé, plus étroite, régulièrement rétrécie vers la base, l'ouverture s'élargit régulièrement, la spire est basse, mamelonnée.

Deficit in Museo.

GISEMENT.— Cacella (Tortonien).

BULLINELLA *(Cylichnina)* SUBCYLINDRICA D'ORBIGNY
Pl. XXXVI, fig. 21 a, 21 b

1840. *Bulla cylindrica*   GRATELOUP *(non* Brug.), Atlas Conchyl. Adour, pl. II, fig. 39–40.
1852. — *subcylindrica*   D'ORBIGNY, Prod. Paléont., III, p. 95, Et. 26–1774.
1897. *Cylichnina testiculina* Bon. MSS. SACCO, I Moll. Terr. Terz., Part. XXII, p. 52, pl, IV, fig. 30–31 *(pars)*.

OBSERVATIONS.— Coquille régulièrement cylindrique, arrondie aux deux extrémités, couverte du sommet à à la base de stries fines, régulières, subégales, ornementales. Revers columellaire très accentué.

Ex specim. Alt. 7 mm., lat. 3.

GISEMENT.— Margueira? (Helvétien).

SIGARETUS STRIATUS MARCEL DE SERRES var. TURONENSIS RÉCLUZ
Pl. XXXVI, fig. 22 *(Vide ante pl. XXXIV, fig. 19 a, 19 b)*

GISEMENT.— Incertain.

XXXVII

1a

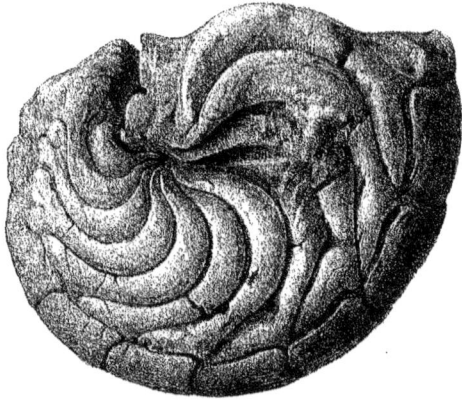

1b

Castro lith.

Lith R da Cruz de Pau Nº18

CEPHALOPODA

PLANCHE XXXVII

ATURIA ATURI Basterot sp. *(Nautilus)*
Pl. XXXVII, fig. 1 a, 1 b

1825. *Nautilus Aturi*   Basterot, Mém. géol. env. Bordeaux, p. 17 (mieux *Aturensis?*).
1825.   —   *Deshayesi*   Defrance (pars), Dict. Sc. Nat., t. xxxiv, p. 300.
1838. *Aturia Aturi* Bast. sp.   Bronn, Lethaea Geogn., p. 1123, pl. 42, fig. 17.
1840. *Clymenia ziczac*   Michelotti (*non* Sowerby), Cephal. fossiles, p. 6.
1842. *Aganides ziczac*   Sismonda (*non* Sowerby), Synopsis methodica, p. 44.
1847.   —   *Deshayesi*   Sismonda (*non* Def.), Synopsis methodica (2° édit.), p. 57.
1847. *Clymenia Morrisi*   Michelotti, Fossiles Miocène Ital. Sept., p. 349, pl. XV, fig. 3 et 5.
1852. *Megasiphonia Aturi* Bast. d'Orbigny, Prod. de Paléont., iii, p. 25. Et. 26–304.
1854. *Aturia Aturi* Bast.   Pictet, Traité de Paléontologie, ii, p. 650.
1872.   —   —   Bellardi, I Moll. Terr. Terz. Pied. Lig., i, p. 23.
1873.   —   —   Benoist, Catal. Test. foss. La Brède-Saucats, p. 227, n.° 800.
1875. *Nautilus (Aturia) Aturi* Bast. R. Hoernes, Fauna des Schliers von Ottnang. Jahrb. K. K. Geol. Reich., xxv, p. 344,
                                  pl. XII, fig. 5–6.
1885. *Aturia Aturi* Bast.   Quenstedt, Handbuch der Petrefactenkunde, p. 533.
1887.   —   —   —   Zittel, Traité de Paléont., (Édit. franç.), ii, p. 383, fig. 544.
1889.   —   —   —   Benoist, Descrip. Céphal. Ptérop. et Gastrop. Opisthobr. Terr. Tert. Sud-Ouest, p. 13,
                                  pl. II, fig. 3.
1891.   —   —   —   A. Foord, Catal. fossil Cephalopoda in British Museum, ii, p. 351, fig. 71, 72 et 73
                                  (travail très important).
1894.   —   *ziczac* Bronn.   Hyatt, Phylogeny of an acquired characteristic (Cephalopoda), p. 564, pl. XIII,
                                  fig. 20–22.
1897.   —   *Aturi* Bast.   A. Brives, Mat. Carte Géol. Algérie, n.° 3, Fossiles miocènes (1ʳᵉ partie), p. 10, pl. 1,
                                  fig. 10.
1903.   —   —   —   Giraud, Éruptions anciennes de la Martinique. Compte-rendu Soc. Géol. France, 6 fé-
                                  vrier, 1903, p. 30.

OBSERVATIONS.—Forme très rare, représentée seulement dans les collections par deux moules.

GISEMENTS.—Exemplaire figuré: Foz da Fonte (Burdigalien).
Autre localité: Porto Brandão (Burdigalien).

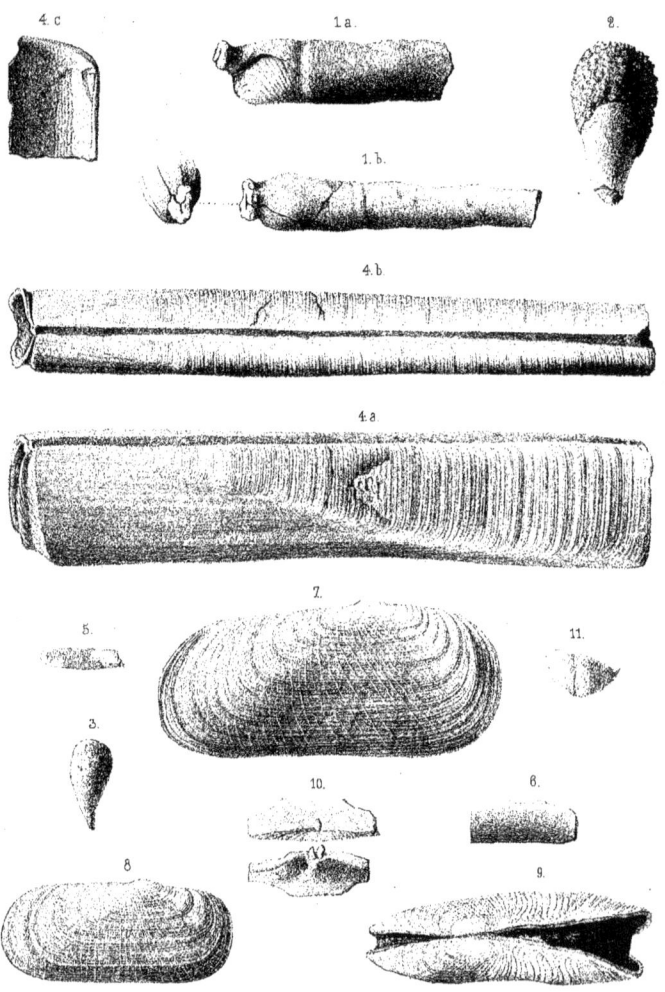

I.

4.c   1.a.   2.

1.b.

4.b.

4.a.

7.

5.   11.

3.

10.   6.

8   9.

Barros des. do natural e lith.   Lith. da Commissão Geologica de Portugal.

PELECYPODA

PLANCHE I

CLAVAGELLA BACILLARIS Deshayes
Pl. I, fig. 1 a, 1 b

1843. *Clavagella bacillaris*   Deshayes, Traité Élément. Conchyl., ɪ, p. 23-24, Atlas, pl. I, fig. 4-10.
1860.   —   —   Desh.   Hœrnes, Foss. Moll. Wien, ɪ, p. 2-3, Atlas, pl. I, fig. 1 a, 1 b.
1901. *Stirpulina bacillum* Brocchi (*pars*). Sacco, I Moll. Terr. Terz. Part. xxɪx, p. 146, pl. XIV, fig. 45-46.

Observations.—Il nous est impossible de réunir cette espèce au *Teredo bacillum* Brocchi, car l'espèce de Deshayes présente un talon branchu postérieur qui est très nettement séparé des valves par un étranglement circulaire, bien visible dans nos figures, et qui manque dans le type italien.

Gisements.—Exemplaires figurés: Portinho d'Arrabida (Tortonien).
Autres localités: Mutella part. sup., Rego, Olivaes (Tortonien); Margueira, Xabregas (Helvétien); Forno do Tijolo, Porto Brandão, Campo Pequeno, Palma, Carnide (Burdigalien).

ASPIDOPHOLAS sp.?
Pl. I, fig. 2

Observations.—*Pholas rugosa* in collection Pereira da Costa (déterminat. Deshayes), *Pholas Branderi* in Sowerby? (1847). Ces moules sont spécifiquement indéterminables, il faut attendre la découverte de valves isolées pour en préciser le nom. Ils sont certainement très voisins de *Fistulana echinata* Brocchi *non* Lam. (Conch. subap., pl. XV, fig. 1). D'autre part la région syphonale est très sensiblement plus atténuée que dans les échantillons de Touraine. (*Aspidopholas rugosa* Br. sp. var. *Fayollesi* Defr.) Alt. 28 mm., diam. 17.

Gisements.—Exemplaire figuré: Braço de Prata (Tortonien).
Autres localités: Portinho d'Arrabida (Tortonien); Foz (Helvétien). On remarque sur le côté d'un des échantillons étudiés l'empreinte d'un Lithodome qui est probablement *Lith. lithophaga* Linné.

GASTROCHAENA sp.?
Pl. I, fig. 3

Observations.—C'est le moule piriforme d'une cavité contenant les valves d'un *Gastrochaena*, impossible à déterminer spécifiquement par suite du manque des valves libres. La région syphonale des échantillons que nous avons examinés montre un étranglement qui prouve le cloisonnement de la partie supérieure. Très voisin du *Rocellaria ampullaria* Lamarck du calcaire grossier de Paris. Indiqué comme *Gastrochaena dubia* Pennant ou *G. intermedia* Hœrnes *in* collection Pereira da Costa. Alt. 18 mm., diam. 9.

Gisements.—Exemplaire figuré: Olho de Boí (Burdigalien).
Autres localités: Mutella part. inf. (Helvétien); Azeitão (Aquitanien).

SOLEN SILIQUARIUS Deshayes in Dujardin var. LUSITANENSIS D.C.G.

Pl. I, fig. 4 a, 4 b, 4 c

1837. *Solen siliquarius*   Deshayes *in* Dujardin, Mém. Géol. Touraine, p. 45.
1859. — *vagina*   Hoernes (*non* Linné), Foss. Moll. Wien, ii, p. 12, pl. I, fig. 10-11.
1877. — *burdigalensis* Benoist, Conchyl. foss. du Sud-Ouest. Actes Soc. Linn. Bordeaux, vol. xxxi, p. 324, pl. XXI
fig. 7-9.

Observations.—L'échantillon figuré est d'un taille tout à fait remarquable, longueur 135 mm., largeur 24,
épaisseur 17. Nous formons une var. *Lusitanensis* pour nos specimens qui sont plus larges proportionnellement à leur
longueur et dont le sillon postérieur semble plus droit, plus profond et plus étroit.

Gisements.— Exemplaires figurés: Cacella (Tortonien).

Pl. I, fig. 5, 6, 11

Fragments indéterminables, peut être on a voulu représenter des fragments de *Pharus legumen* Linné et de
Solen subfragilis Eichwald dont il existe des débris dans la collection provenant de Cacella et de Mutella.

SOLENOCURTUS BASTEROTI Des Moulins

Pl. I, fig. 7, 8, 9, 10

1832. *Solecurtus Basteroti*   Des Moulins, Actes Soc. Linn. de Bordeaux, v, p. 105.
1859. *Psammosolen strigilatus*   Hoernes (*non* Linné), Foss. Moll. Wien, ii, p. 19, pl. I, fig. 16-17.
1877. *Solecurtus Basteroti* Des Moul.   Benoist, Conchyl. foss. Sud-Ouest, p. 329, pl. XXII, fig. 9-10.
1901. *Solenocurtus* conf. *Basteroti*   Sacco, I Moll. Terr. Terz., Part. xxix, p. 15, pl. IV, fig. 1-3.
1902. — *Basteroti* Des Moul. Dollfus et Dautzenberg, Conchyl. du Miocène Moyen de la Loire, i, p. 68, pl. I,
fig. 43-44.

Observations.—Les échantillons du Portugal semblent former une passage entre l'espèce miocène et l'espèce
vivante de la Méditerranée.

Long. $^{63}/_{73}$ *mm., lat.* $^{28}/_{33}$, *crass.* $^{19}/_{22}$.

Gisements.— Exemplaires figurés: Cacella (Tortonien).

Autres localités: Adiça, Rego, Casal das Rolas, Mutella part. sup. (Tortonien).

II.

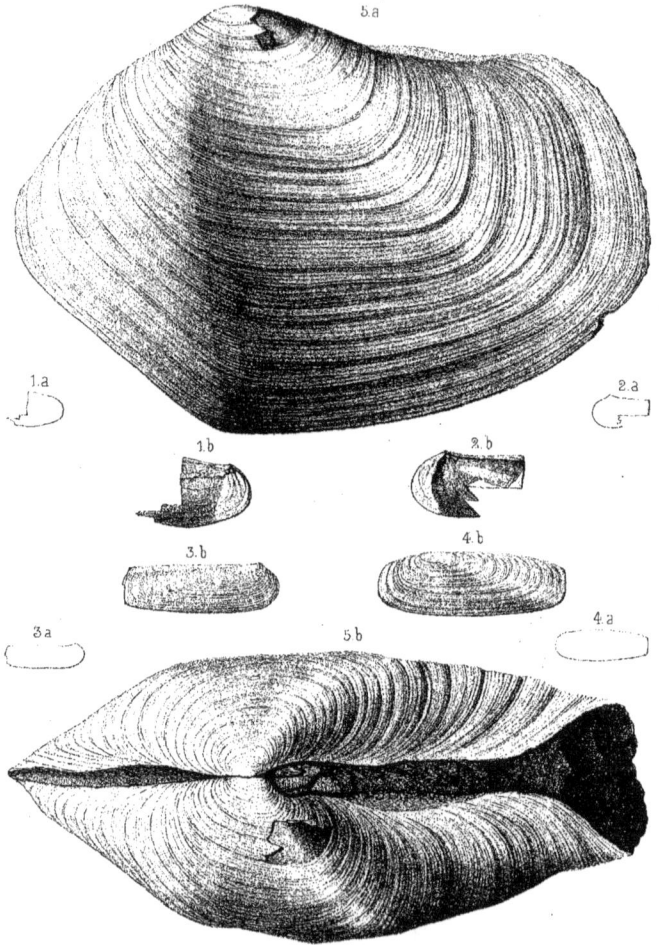

Barros del. do natural e lith.   Lith. da Commissão Geologica de Portugal

PLANCHE II

CULTELLUS PELLUCIDUS Pennant sp. *(Solen)*

Pl. II, fig. 1 *a*, 1 *b*, 2 *a*, 2 *b* (3 *a*, 3 *b* ?)

1766. *Solen pellucidus*   Pennant, Zool. Britannica, t. iv, p. 84, pl. XVI, fig. 23.
1859. —   — Penn.   Sowerby, Illustr. Index British Shells, pl. II, fig. 12.
1874. *Cultellus pellucidus* Penn. Wood, Crag Mollusca, Suppl., iii, p. 149, pl. X, fig. 16.

Observations.— Coquille légèrement courbée, charnière subterminale; côté antérieur bien arrondi; charnière pourvue de deux à trois denticules que se prolongent par divers renforts internes rayonnants.

Gisement.— Cacella?

SOLEN *(Machaera?)* sp.?

Pl. II, fig. 4 *a*, 4 *b*

Observations.— Nous ne connaissons aucune espèce à rapprocher de cet unique fragment, la charnière n'est ni terminale comme dans les *Ensis*, ni subcentrale comme dans les *Ceratisolen*, elle est située au quart postérieur. Intérieur inconnu, région syphonale incomplète. Long. 22 mm. environ, larg. 6.

Dans ces conditions, qui ne permettent pas même de préciser la position générique, nous n'avons pas cru devoir créer une appelation spécifique.

GLYCYMERIS FAUJASI Menard sp. *(Panopea)*

Pl. II, fig. 5 *a*, 5 *b*

1807. *Panopea Faujasi*   Menard, Sur un nouveau genre de coq., Ann. Museum, ix, p. 131, pl. 12.
1836. —   — Men.   Philippi, Enumeratio Moll. Siciliae, i, p. 7, pl. II, fig. 3.
1836. —   *Aldrovandi*   Philippi, Idem, p. 7, pl. II, fig. 2.
1837. —   *Faujasi* Men.   Bronn, Lethaea Geognost. Ed. ii, t. ii, p. 973, pl. 37, fig. 6.
1839. —   —   — Valenciennes, Descript. de la Pan. australe *in* Archiv. Mus. Hist. Nat., t. i, p. 34.
1847. —   — Sowerby *in* Smith, Tertiary Beds of the Tagus, p. 412.
1848. —   *Aldrovandi*   Deshayes, Traité Elém. Conchyl., i, p. 137-139.
1870. —   *glycymeris* Born. Mayer, Catalogue Musée de Zurich, iv, p. 24 et 39.
1901. *Glycymeris Faujasi* Men. Sacco, I Moll. Terr. Terz. Piem. Part. xxix, p. 41, pl. IX, fig. 44; pl. X, fig. 1-3; pl. XI, fig. 3 et 4.

Observations.— Il n'est pas douteux après les études soigneuses de Deshayes, de Mayer, de Sacco, etc., que le *Glyc. Faujasi* ne soit une variété du *Glyc. Aldrovandi* vivant dans la Méditerranée (*Mya glycimeris* Chemnitz, Conchyl. Cab., t. vi, pl. 3, fig. 25), mais comme c'est une forme utile à distinguer au point de vue géologique, nous pouvons la conserver, provisoirement du moins, sous un nom distinct.

Dans notre récent travail sur la Conchyliologie de la Touraine nous avons attribué le nom de *Glyc. Menardi* aux figures de Costa qui représentent un exemplaire un peu déformé, mais ayant eu depuis l'occasion d'examiner une belle et nombreuse série d'exemplaires de Portugal, nous avons pu nous assurer que ces formes correspondent en réalité très étroitement au *Glyc. Faujasi* var. *colligens* Sacco, pl. XI, fig. 4. Long. 160 à 170 mm., lat. 100 à 105. Coquille close du côté antérieur et bien baillante du côté postérieur. Ce sont probablement des exemplaires jeunes que Goldfuss a figurés sous le nom de *Panopea intermedia* Gold (*non* Sow.), Petref. Germ., pl. 158, fig. 6 *a*, 6 *b*, 6 *c*, 6 *d*, 6 *e*.

Gisements.— Exemplaire figuré: Cacella (Tortonien).

Autres localités: Olivaes, Braço de Prata, Mutella part. sup., Rego, Adiça (Tortonien); Marvilla (Helvétien).

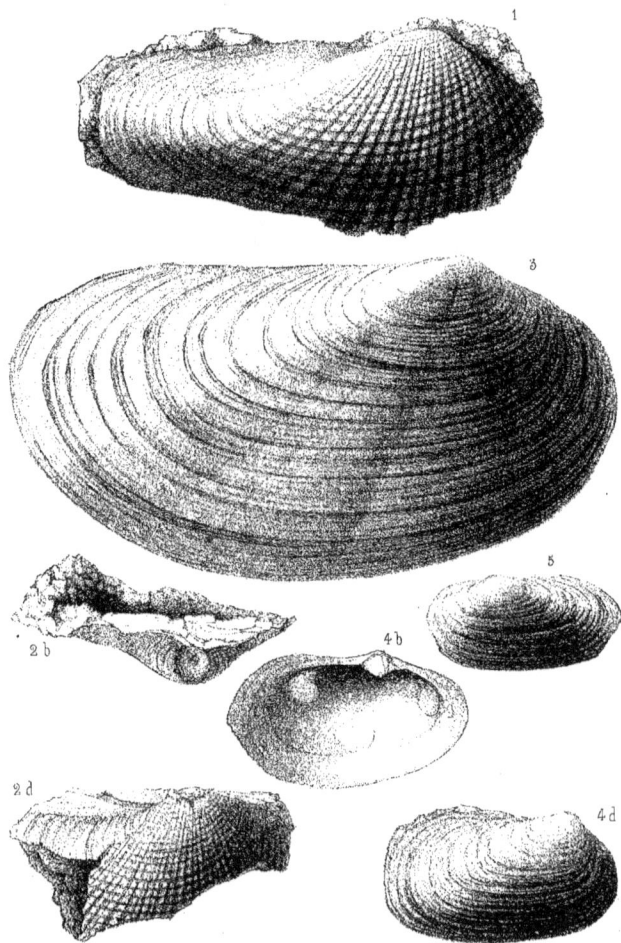

IV.

Barros des. do natural e lith.

Lith. da Commissão Geologica de Portugal

PLANCHE IV

PHOLAS ALTIOR? Sowerby

Pl. IV, Fig. 1 (tantum).

1847. *Pholas altior* Sowerby in Smith, Tertiary Beds of the Tagus, p. 417, pl. XI, fig. .

Testa ovato-oblonga, antice rotundata, lineis incrementi rugulosa, costellis radiantibus circa 18, distantibus, lineas incrementi decussantibus; postice laevi; margine dorsali declivi. (Sow.)

Observations. — La figure de Sowerby est médiocre, le texte indique que la surface n'est couverte de rayons que sur les $2/3$ de la coquille, tandis que le dessin représente une forme presqu'entièrement costulée.

Notre figure n'est pas parfaite non plus; toutes ces moulages naturels sont très délicats à rendre, le côté antérieur est complètement costulé, et la région dorsale bien plus déclive. Comme dit Sowerby cette espèce n'est pas fort éloignée de *Pholas (Barnea) candida,* espèce vivante, et nous avons des échantillons dans lequels la trace du cuilleron cardinal est bien visible. Long. 108 mm., haut. 48.

Nous avons examiné également des moules d'une espèce très particulière de Picagallo, qui offre les traces d'un écusson transversal analogue à celui du *Pholas explanata* Spengler de la côte de Gambie qui est devenue le type du genre *Talona* Gray. Aucune de ces espèces ne peut être confondue avec les grands moules de *Pholadomya,* dont le test est nacré. Comparativement au *Pholas altior,* le *Pholas ammonis* Fuchs (*in* Zittel, Libysche Wüste, 1883, pl. I, fig. 1-2) est une coquille plus longue, à ornements plus délicats.

Gisement. — Exemplaire figuré: Forno do Tijolo (Burdigalien).

PHOLADOMYA MIOCENICA D.C.G. n. sp.

Pl. IV, fig. 2 b, 2 d

Testa tenui, oblonga, transversa, margaritacea. Cardine recto, lineare, pingue. Costellis approximatis, punctatis radiantibus ornata in medio area valvae; regionibus lateralibus laevibus. In tota superficia undis concentricis, distantibus, subaequalis. Apophysa ligamentari erecta; intus incognita.

Observations. — Coquille mince. nacrée, le sommet des crochets tout particulièrement mince et défoncé. La surface est couverte, dans la région centrale seulement, de côtes rayonnantes irrégulières, serrées, qui deviennent granuleuses par l'intersection des ondes concentriques transversales. Les régions antérieure et postérieure sont lisses et ornées seulement par des ondes concentriques d'accroissement qui sont séparées par des lignes plus fines qui leur sont parallèles. La charnière est très intéressante, on remarque sur le côté postérieur un sillon rectiligne profond qui limite un renforcement ligamentaire ou lame élevée qui rappelle celui des Glycymeris; un sillon curviligne antérieur abrite une série de lames cardinales d'épaississement comme dans les Mya, une ondulation centrale relie les deux régions. On peut estimer les dimensions à 65 mm. de longueur sur 35 de hauteur.

Échantillon unique, faiblement représenté dans notre planche, il est dans ce dessin trop voisin comme ornementation du Pholas, fig. 1, il s'en distingue par le région antérieure toute rayonnée dans cette espèce, par la charnière, par la région postérieure délimitant deux aires lisses seulement, etc. Les Pholadomyes si abondantes dans les terrains secondaires sont peu abondants dans le Tertiaire, et celles qu'on connaît soit dans l'Eocène inférieur, soit dans l'Oligocène et le Miocène (*Ph. Alpina, Ph. Vaticana*), soit dans le Pliocène (*Ph. hesterna* Sow.), appartiennent à un tout autre groupe très court et haut de forme. Notre espèce se rapproche de la *Pholadomya candida* Sow. espèce actuelle, rarissime, de la Mer des Antilles, dont Deshayes, les frères Adams, en ont donné de bonnes figures.

Gisement. — Cacella?

LUTRARIA OBLONGA Chemnitz sp. *(Mya)* var. EXPANSA D.C.G. n. var.

Pl. IV, fig. 3

1782. *Mya oblonga, ovata*, etc.   Chemnitz, Conchyl. Cab., vi, p. 27, pl. II, fig. 12.
1825. *Lutraria solenoides*. Lam. Blainville, Manuel de Malacol., p. 566, pl. 77, fig. 3.
1884.   —   *elliptica* Roissy. Fontannes, Gisements nouv. Terr. Mioc. du Portugal, p. 18.
1896.   —   *oblonga* Chemn. B.D.D. Moll. marins du Roussillon, ii, p. 572, pl. 84, fig. 1-7.
1902.   —   —   Chemn. Dollfus et Dautzenberg, Conchyl. Mioc. Moy. Touraine, p. 98-101, pl. V, fig. 1 à 6.

Observations.— Grands et beaux échantillons, bien plus larges que le type, long. 180 mm., hauteur 66; il nous reste quelque doute sur cette détermination, on peut dans tous le cas en faire l'objet d'une variété *expansa* D.C.G. Ce n'est pas le *L. latissima* Desh. franchement ovale, ni le *L. Massoti* Mich. *in* Fontannes, qui se trouve également à Cacella, et dont la charnière est subcentrale.

Le *L. oblonga* var. *expansa* tel qu'il est représenté ici est très rare, on connait seulement l'exemplaire figuré qui est de Cacella, et un autre de Rego appartenant à la Commission Géologique. Les formes typiques de cette espèce sont au contraire communes à tous les niveaux à partir du Burdigalien.

Gisements.— Exemplaire figuré: Cacella (Tortonien).

Autres localités: Adiça, Rego, Mutella (Tortonien); Mutella part inf., Cacilhas, Val-de-Chellas, Marvilla (Helvétien); Forno do Tijolo, Porto Brandão, Nossa Senhora do Monte, Quinta do Bacalhau, Carnide (Burdigalien).

LUTRARIA SANNA Basterot

Pl, IV, fig. 4 b, 4 d

1825. *Lutraria sanna*   Basterot, Mém. Géol. env. Bordeaux, p. 94, pl. VII, fig. 13 a b.
1847.   —   —   Bast. Sowerby *in* Smith, Tertiary Beds of the Tagus, p. 412.
1859.   —   —   —   Hoernes, Foss. Moll. Wien, ii, p. 56, pl. V, fig. 5 a b c.
1901.   —   —   —   Sacco, I Moll. Terr. Terz. Part. xxix, p. 31, pl. VIII, fig. 5 (échantillon du Bordelais).
1902.   —   —   —   Dollfus et Dautzenberg, Conchyl. Mioc. Moy., i, p. 105, pl. V, fig. 9-15.

Gisements.— Exemplaire figuré: Cacella (Tortonien).

Autres localités: Mutella part. inf., Monte de Caparica, Xabregas (Helvétien); Quinta do Silva (Palma), Carnide, Campo Pequeno, Calçada do Lavra (Lisboa), Porto Brandão, Olho de Boi, Forno do Tijolo, Praia do Covalinho (Burdigalien); Prazeres, Campo d'Ourique, Tunnel du Rocio (Aquitanien).

LUTRARIA LUTRARIA Linné sp. *(Mya)*

Pl. IV, fig. 5

1758. *Mya lutraria*   Linné, Syst. Naturae, x, p. 670.
1782. *Mactra lutraria* Linnaei. Chemnitz, Conchyl. Cab., vi, p. 239, pl. XXIV, fig. 240-241.
1896. *Lutraria lutraria* Linné. B.D.D., Moll. marins du Roussillon, ii, p. 566, pl. 83, fig. 1-6.
1901.   —   —   —   Sacco, I Moll. Terr. Terz. Part. xxix, p. 28, pl. VII, fig. 5; pl. VIII, fig. 2.
1902.   —   —   —   Dollfus et Dautzenberg, Conchyl. Mioc. Moy., i, p. 105, pl. V, fig. 7-8.

Observations.— L'échantillon figuré est de petite taille, il en existe de beaucoup plus grands, cette espèce se distingue de la précédente comme relativement bien plus transverse et comme ayant son côté ligamentaire pointu.

Gisement.— Exemplaire figuré: Cacella (Tortonien).

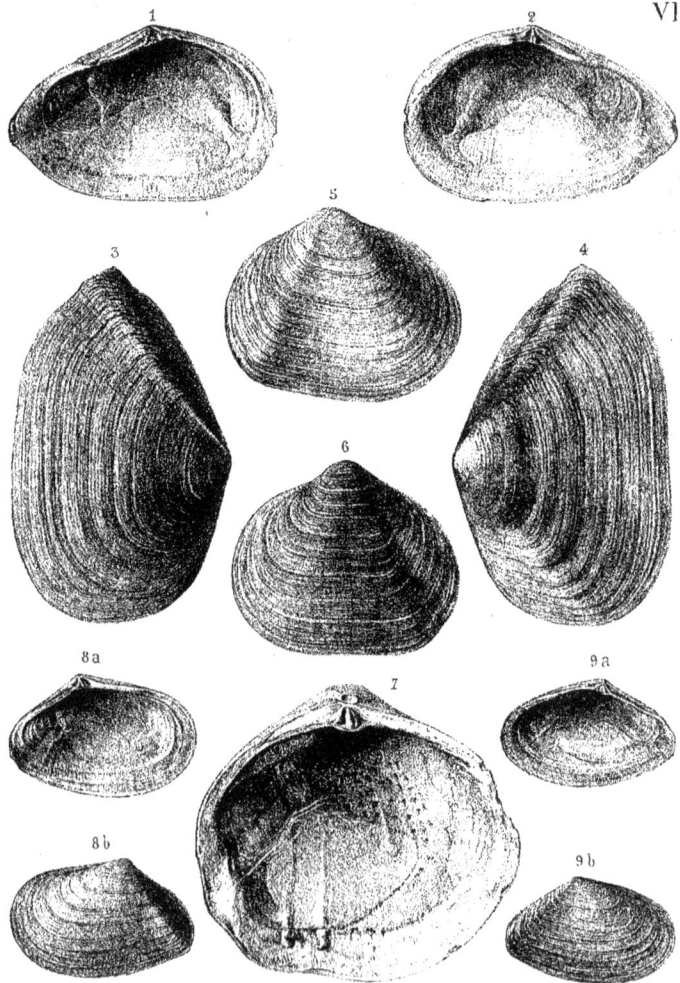

VII.

Castro lith.

Lith. Rue du Cruz de Pau N.º 18

PLANCHE VII

TELLINA *(Peronaea)* PLANATA Linné var. LAMELLOSA D.C.G. n. var.

Pl. VII, fig. 1, 2, 3 et 4

1758. *Tellina planata*   Linné, Syst. Naturae, Edit. x, p. 675.
1860.   —   —   Lin. Hoernes, Foss. Moll. Wien, ii, p. 84, pl. VIII, fig. 7.
1873.   —   —   — Benoist, Catal. Testacés marins de la Brède, p. 28.
1899.   —   —   — B.D.D. Moll. marins du Roussillon, ii, p. 664, pl. 94, fig. 1-5.
1901.   —   —   — Sacco, I Moll. Terr. Terz., Part. xxix, p. 109, pl. XXIII, fig. 6-8.

Observations.— Cette variété est bien plus lamelleuse que le type, surtout dans la région postérieure; long. 30 mm., haut. 12. La *Tellina strigosa* du Sénégal est une espèce très voisine, plus transverse et sensiblement plus rostrée.

Gisements.— Exemplaires figurés: Cacella (Tortonien).
Autres localités: Adiça, Rego, Mutella part. sup., Casal das Rolas (Tortonien); Poço do Bispo, Marvilla (Helvétien); Forno do Tijolo, Porto Brandão, Portinho da Costa, Palma, Carnide (Burdigalien).

TELLINA *(Capsa)* LACUNOSA Chemnitz

Pl. VII, fig. 5, 6 et 7

1782. *Tellina lacunosa*   Chemnitz, Conchyl. Cabinet, vi, p. 92, pl. IX, fig. 78.
1814.   — *tumida*   Brocchi, Conchyl. subap., ii, p. 513, pl. XII, fig. 10.
1860.   — *lacunosa* Chem. Hoernes, Foss. Moll. Wien, ii, p. 94, pl. IX, fig. 1.
1884.   —   —   — Fontannes, Gisements nouv. Terr. Mioc. Portugal, p. 18.
1902. *Capsa lacunosa*   — Sacco, I Moll. Terr. Terz., Part. xxix, p. 117, pl. XXV, fig. 17-23.

Observations.— Les grands exemplaires de Cacella mesurent 83 mm. sur 72 de haut.

Gisements.— Exemplaires figurés: Cacella (Tortonien).
Autres localités: Adiça, Rego, Mutella, Olivaes, Braço de Prata (Tortonien); Palmella, Marvilla, Poço do Bispo, Casal Vistoso (Helvétien); Quinta do Bacalhau, Forno do Tijolo, Portinho da Costa, Porto Brandão, Carnide (Burdigalien); Campo d'Ourique, Tunnel do Rocio (Aquitanien).

TELLINA *(Macomopsis)* ELLIPTICA Brocchi var. MAJOR D.C.G. n. var.

Pl. VII, fig. 8 a, 8 b et 9 a, 9 b

1814. *Tellina elliptica* Br.   Brocchi, Conchyl. subap., ii, p. 513, pl. XII, fig. 7 *mala* (non Lamarck, 1818).
1843. *Donax fragilis*   Nyst, Coquilles tertiaires de Belgique, p. 116, pl. VI, fig. 2 (*non* Conrad, 1833).
1866. *Tellina melo*   Sowerby *in* Reeve, Conchy. Iconica, pl. XVII, fig. 86 (Malaga).
1873.   — *elliptica* Br.   K. Mayer, Versteiner. des Helvetien, p. 21 (Tortonien).
1874.   —   —   — De Gregorio, Studi su talune Conch. Med. viv. e foss., p. 167.
1901. *Macomopsis elliptica* Br. Sacco, I Moll. Terr. Terz., Part. xxix, p. 107, pl. XXII, fig. 36-40.

Observations.— Nous échantillons sont bien plus grands que le type; ils mesurent 44 mm. sur 25, au lieu de 25 sur 15, ils en conservent cependant bien exactement la forme, le pli postérieur est nettement indiqué, les valves sont bien bombées. Aucune des diverses variétés créées par Mr. de Gregorio ne leur est applicable et nous avons été conduits à introduire ainsi une variété major. Le *T. ottnangensis* R. Hoernes est voisin, mais le pli postérieur est à peine marqué.

Gisements.— Exemplaires figurés: Cacella (Tortonien).
Autres localités: Adiça, Mutella part. sup. (Tortonien).

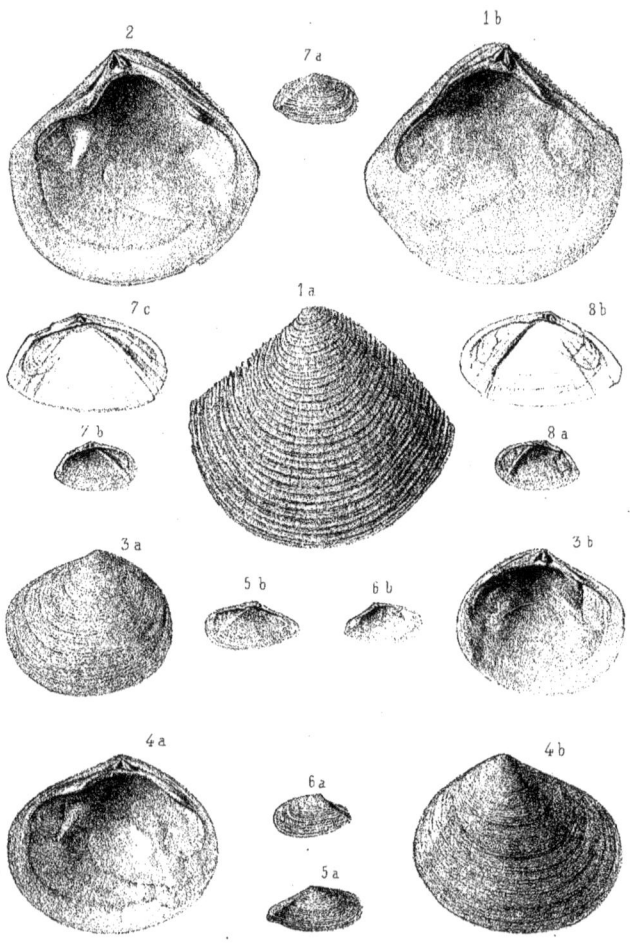

VIII.

2   7 d   1 b

7 c   1 a   8 b

7 b   8 a

3 a   5 b   6 b   3 b

4 a   6 a   4 b
5 a

Castro Lith.

PLANCHE VIII

TELLINA *(Arcopagia)* **VENTRICOSA** MARCEL DE SERRES *(Corbis)* var. **TRIANGULA** D.C.G. n. var.

Pl. VIII, fig. 1 *a*, 1 *b* et 2

1829. *Corbis ventricosa*	MARCEL DE SERRES, Géognosie Terr. Tert., p. 147, pl. VI, fig. 2–3 (méd.).
1831. *Tellina corbis*	BRONN, Italien Tertiärgeb, p. 94.
1859. — — Bronn.	MAYER-EYMAR, Coq. Foss. Terr. Tert. Sup., Jour. Conch., t. VII, p. 389, pl. XI, fig. 4–5.
1893. — *ventricosa* De Serres.	PANTANELLI, Lamellibr. Plioc., p. 272.
1901. *Arcopagia corbis* Bronn.	SACCO, I Moll. Terr. Terz., Part. XXIX, p. 113, pl. XXIV, fig. 13 et 16.

OBSERVATIONS.— Échantillons très bien conservés, très trigones, à charnière anguleuse, forte; lunule et corselet très longs et circonscrits par une carène épineuse; lamelles concentriques subrégulières à renforts trabéculaires rayonnants. Long. 60 mm. haut. 54.

C'est encore le *Tellina DesMoulinsi* Deshayes des environs de Bordeaux, d'après une révision soigneuse d'échantillons de nombreuses provenances dans la collection paléontologique de l'École des Mines de Paris. La figure de Hoernes est bien distincte et a donné lieu à la création de la variété *Grundensis* De Greg., par contre le *T. Strohmayeri* Hoernes nous paraît lui devoir être réunie. Cette espèce n'a rien de commun avec le *T. telata* qui nous paraît une simple variété de *T. crassa*, quant au *T. Sedgwicki* il est distinct comme espèce, ayant une forme bien plus ovale et étant dépourvu de trabécules rayonnantes. Enfin la var. *transiens* Sacco est loin d'être aussi trigone que la nôtre.

GISEMENTS — Exemplaires figurés: Cacella (Tortonien).
Autres localités: Mutella part. sup., Olivaes (Tortonien).

TELLINA *(Arcopagia)* CRASSA PENNANT

Pl. VIII, fig. 3 *a*, 3 *b* et 4 *a*, 4 *b*

1777. *Tellina crassa*	PENNANT, British Zoology, IV, p. 73, pl. 48, fig. 28.
1860. — — Penn.	HOERNES, Foss. Moll. Wien, II, p. 94, pl. IX, fig. 4.
1886. *Arcopagia crassa* Penn.	A. LOCARD, Cat. Moll. Marins de France, p. 424.
1901. — — —	SACCO, I Moll. Terr. Terz., Part. XXIX, p. 112, pl. XXIV, fig. 1–3.
1901. — *telata* Bon.	SACCO, idem, p. 113, pl. XXIV, fig. 10–11.

OBSERVATIONS.— Espèce importante, assez variable, elle a été mal subdivisée jusqu'ici, il y a des variétés plus ou moins rondes ou ovales avec côtes concentriques plus ou moins nombreuses et accusées.

Dimensions: 46 mm. sur 39 et 37 sur 32. La majorité de nos échantillons rentrent dans la var. *telata* Bonelli.

GISEMENT.— Exemplaires figurés: Cacella (Tortonien).

TELLINA PULCHELLA LAMARCK

Pl. VIII, fig. 5 *a*, 5 *b*

1818. *Tellina pulchella*	LAMARCK, Anim. sans vert., V, p. 526.
1898. — —	Lam. B.D.D., Moll. marins du Roussillon, II, p. 644, pl. 94, fig. 1–8.
1901. — —	SACCO, I Moll. Terr. Terz., Part. XXIX, p. 103, pl. XXII, fig. 12.

GISEMENT.— Exemplaires figurés: Cacella (Tortonien).

TELLINA DISTORTA Poli

Pl. VIII, fig. 6 *a*, 6 *b*

1795. *Tellina distorta*   Poli, Testacea utriusque Siciliae, II, p. 39, pl. XV, fig. 11.
1898.   —   —   Poli. B.D.D., Moll. marins du Roussillon, II, p. 645, pl. 91, fig. 9–12.
1901.   —   —   — Sacco, I Moll. Terr. Terz., Part. XXIX, p. 104, pl. XXII, fig. 16–17.

OBSERVATIONS.—Espèce sensiblement plus transverse et plus rostrée que la précédente, appartenant comme elle aux Tellines typiques. Long. 18 mm., haut. 8.

GISEMENTS.—Exemplaire figuré: Cacella (Tortonien).
Autre localité: Adiça (Tortonien).

TELLINA *(Oudardia)* COMPRESSA Brocchi

Pl. VIII, fig. 7 *a*, 7 *b*, 7 *c* et 8 *a*, 8 *b*

1815. *Tellina compressa*   Brocchi, Conchyl. subap., II, p. 504, pl. XII, fig. 9.
1826.   —   *Oudardii*   Payraudeau, Cat. descript. Moll. de Corse, p. 40, pl. I, fig. 16–18.
1859.   —   *compressa* Br.   Hoernes, Foss. Moll. Wien, II, p. 88, pl. VIII, fig. 10 *a. b. c.*
1901. *Oudardia compressa* Br. Sacco, I Moll. Terr. Terz., Part. XXIX, p. 111, pl. XXIII, fig. 14–15.

OBSERVATIONS.—Espèce intéressante qui habite encore les profondeurs moyennes de la Méditerranée; on la distingue aisément à un renfort rayonnant interne du côté ligamentaire. Long. 20 mm., haut. 10.

GISEMENTS.—Exemplaires figurés: Cacella (Tortonien).
Autres localités: Adiça, Rego, Mutella part. sup. (Tortonien); Margueira, Xabregas (Helvétien).

33

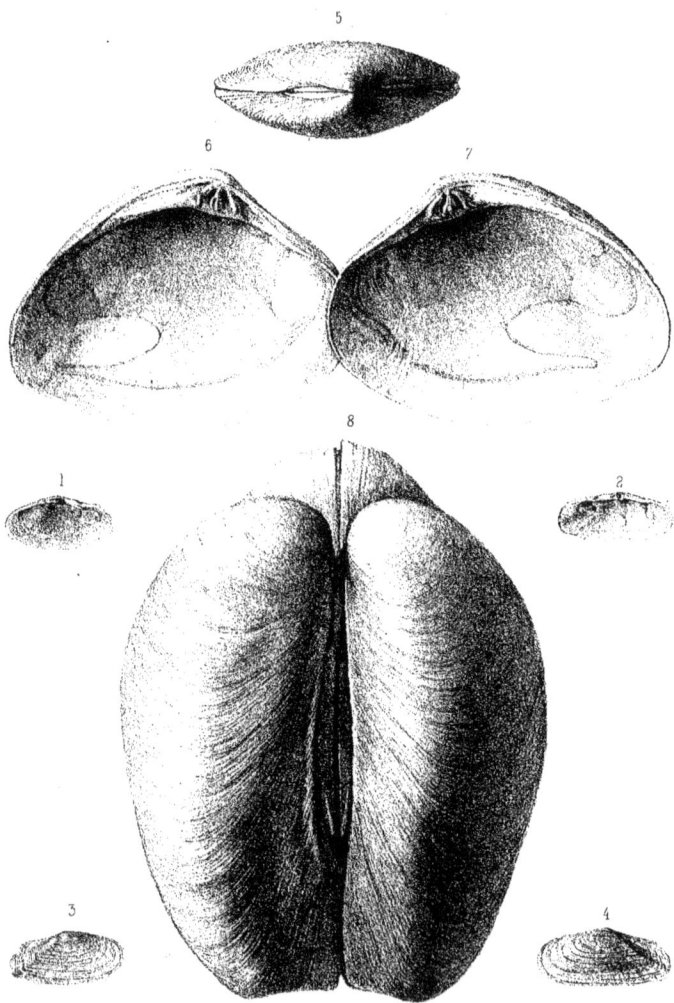

IX

Castro Lith

Lith R Formoza Inf

PLANCHE IX

PSAMMOBIA UNIRADIATA Brocchi var. LUSITANICA D.C.G. n. var.

Pl. IX, fig, 1, 2, 3, 4 et pl. XI, fig. 1 et 2

1814. *Tellina uniradiata*		Brocchi, Conchyl. subap., ii, p. 511, pl. XII, fig. 4.
1837. *Psammobia affinis*		Dujardin, Mém. couch. Touraine, p. 257, pl. XVIII, fig. 4.
1860. —	*uniradiata* Br.	Hoernes, Foss. Moll. Wien, t. i, p. 99, pl. IX, fig. 6.
1873. —	*Hoernesi*	Cocconi, Enum. Moll. Mioc. Plioc. Parma, p. 269.
1884. —	*uniradiata* var. *Grundensis*	De Gregorio, Studi su talune Conch. Medit., p. 192.
1893. —	*vespertina*	Pantanelli, Lamellibr. Pliocenici, p. 227 (pars).
1901. —	*uniradiata* Br.	Sacco, I Moll. Terr. Terz., Part. xxix, p. 7, pl. I, fig. 21-26.
1901. —	*affinis* Duj.	Sacco, idem, p. 8, pl. I, fig. 29-34.

Observations.— Les deux valves de cette espèce ne sont pas identiques, et la valve droite a une ornementation toujours plus accentuée que celle de gauche avec une faible ondulation complémentaire, ce qui a fait croire à l'existence de deux espèces différentes par quelques auteurs. Le plan antérieur dans le *Ps. Faeroensis* Chemnitz est orné de plusieurs rayons fins qui forment, sur la valve droite principalement, une sorte de grillage qui manque sur *Ps. uniradiata*.

Nos échantillons, qui mesurent 35 mm. sur 15, sont très sensiblement plus grands que ceux de Brocchi, ils sont plus transverses que ceux de la Touraine et toujours plus petits que le *Ps. Faeroensis* vivant. La variété *major* Bronn (Ital. Tertiargeb., p. 92) se rapporte au *Ps. vespertina* et non au *Ps. affinis* comme l'indique Mr. Sacco. Quant au *Ps. muricata* Brocchi il faut le considérer positivement comme une variété *minor* de *Ps. Faeroensis*.

Ps. Faeroensis var. *muricata* existe également en Portugal, nous en avons des échantillons qui n'ont pas été figurés.

Gisement.— Exemplaires figurés: Cacella (Tortonien).

VENUS GIGAS Lamarck

Pl. IX, fig. 8 (Voir explication pl. X)

TAPES AENIGMATICUS Fischer et Tournouër

Pl. IX, fig. 6-7 et pl. XI, fig. 3.

1847. *Venus vetula* Sow. (non Bast.)		Smith, Tertiary Beds of the Tagus, p. 412.
1874. *Tapes aenigmaticus*		Fischer et Tournouër, Animaux fossiles Mont Léberon, p. 147, pl. XXI, fig. 18.

Testa subtrigona, aequilatera, inflata, concentrice et minute striata; striis antice et postice creberrimis, modio evanescentibus; apicibus minutis, antice parum inflexis; lunula longa, lanceolata, impressa, marginibus subacutis; area ligamenti obsolete subcarinata, margine dorsali antico obliquo, subrectilineo, postico arcuato; dentibus cardinalibus crassis, divergentibus; cicatriculis muscularibus profundis. Diam. antero-post. 70 mm.; alt. 54 mm. F et T.

Observations.-- Il est très intéressant de retrouver au Portugal cette espèce des marnes de Cabrières du Miocène de la Vallée du Rhône.

Il y aurait lieu de modifier quelque peu la diagnose de Fischer et Tournouër pour lui donner un cadre un peu plus général. La coquille n'est pas absolument aequilatérale, mais subaequilatérale, les stries concentriques sont régulières, bien marquées et assez fortes, elles ne sont pas affaiblies dans la région centrale. Cependant, la forme générale qui est celle d'un *Mactra* ne se trouve dans aucune autre espèce vivante de *Tapes* des mers d'Europe, ni chez aucune autre forme fossile que nous connaissions.

Ce *Tapes* n'est pas le *T. vetula* Basterot qui est une forme régulièrement transverse ovale-oblongue; encore moins le *T. Genei* Michelotti espèce très ovale, et seulement la variété *pliovata* Sacco s'en approche (pl. XII, fig. 6).

34

Ce n'est aucune des nombreuses espèces de Cocconi comme: *T. senescens* Doder., *T. Bronni* Mayer, *T. rotundata* Brocchi (*non* Linné), *T. rotundatus* Dujardin (*non* Brocchi), *T. Basteroti* Mayer. Long. 76 mm., haut. 55.

Il est douteux si la fig. 5 (pl. IX) appartient à la même espèce, elle est trop plate, de taille plus faible, mais il nous est impossible de lui appliquer un nom précis, c'est peut-être le *T. vetula* var. *pliograbroides* Sacco.

GISEMENTS.— Exemplaires figurées : Adiça (Tortonien).

Autres localités : Cacella, Rego, Mutella, part. sup. (Tortonien).

X

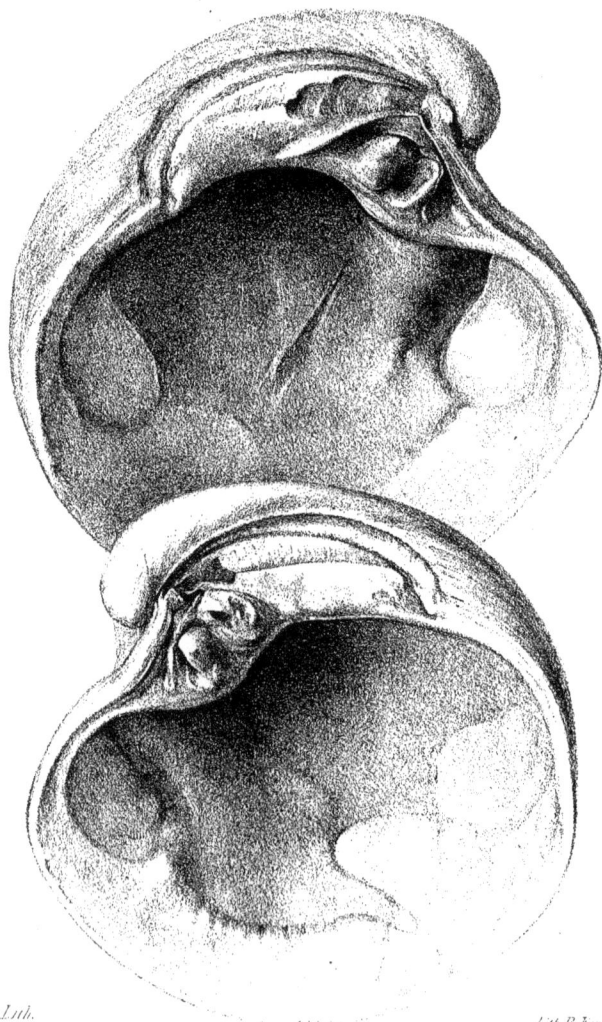

Castro Lith.   Lith R. Formont 10'.

PLANCHE X

VENUS *(Amiantis)* GIGAS Lamarck sp. *(Cyprina)*

Pl. X, fig. 1-2, pl. IX, fig. 8 et pl. XI, fig. 4

1818. *Cyprina gigas*		Lamarck, Hist. Nat. des Anim. sans vertèbres, t. v, p. 557.
1818. — *umbonaria*		Lamarck, Hist. Nat. des Anim. sans vertèbres, t. v, p. 559.
1840. *Cytherea inflata?*		Goldfuss, Petrefacta Germaniae, ii, p. 228, pl. 148, fig. 6.
1845. *Venus umbonaria* Lam.		Agassiz, Iconogr. coquilles tertiaires, p. 29, pl. VI, fig. 1-4.
1847. *Cyprina aequalis*		Sowerby *in* Smith, Tertiary Beds of the Tagus, p. 412.
1848. *Venus umbonaria* Lam.		Deshayes, Traité Élém. Conchyl., i, p. 583.
1862. — — —		Hoernes, Foss. Moll. Wien, ii, p. 118, pl. XII, fig. 1-4.
1866. — — —		De Gregorio, Studi su talune Conch. Med., p. 13.
1893. — *gigas* Lam.		Pantanelli, Lamellibr. pliocen., p. 303 *pars* (avec historique).
1900. *Amiantis gigas* Lam.		Sacco, I Moll. Terr. Terz. Piem. Part. xxviii, p. 24, pl. VI, fig. 1-2, 6, var. *dertocrassula*
		Sacco (Tortonien).

Observations.— Splendides échantillons qui mesurent: long. 125, haut 115 et peut-être plus. Pas de lunule, dent ligamentaire couchée, souvent creusée par un animal perforant qui y a mené une galerie profonde comme dans l'échantillon fig. 1. Nous avons constaté des dégats analogues dans les *Venus* d'Asti, de Salles, etc., et la même détérioration est visible dans des exemplaires figurés par Mr. Sacco; ces déprédations rendent parfois difficile l'interprétation de la charnière.

Il importe de ne pas confondre cette espèce avec le *Cytherea (Callista) pedemontana* Lam. qui est presque aussi grand, mais plus transverse, long. 125 mm., haut. 105, toujours pourvu d'une lunule, abondant aussi au Portugal et non figuré sur nos planches, la charnière est moins épaisse, plus transverse, le sinus palléal plus anguleux, etc. Enfin la dent cardinale centrale est double, ce qui caractérise les *Callista*.

Le nom original de *Cyprina aequalis* Sowerby s'applique au *Cyprina islandica*, espèce sans sinus palléal, très différente dans ses détails, mais qui ne manque pas d'analogie extérieure. La figure du *Mineral Conchology* (pl. XXI) présente les mêmes corrosions dentaires signalées plus haut.

Gisements.— Exemplaires figurés: Cacella (Tortonien).

Autres localités: Rego, Adiça, Mutella, part. sup., Braço de Prata, Casal das Rolas, Olivaes, Sacavem, Papa-Leite, Povoa, (Tortonien); Margueira, Cacilhas, Almada, Pragal, Costa de Caparica, Cruz da Pedra, Poço do Bispo, Marvilla, Val-Formoso, Val-de-Chellas, Perna de Pau, Musgueira (Helvétien); Arialva, Alfanzina, Banatica, Porto Brandão, Porto dos Buxos, Trafaria, Palma de Cima, Campo Pequeno, Entre Campos, Lumiar, Oeiras, Torre de S. Julião (Burdigalien); S. Sebastião de Pedreira (Aquitanien).

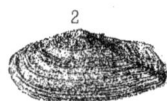

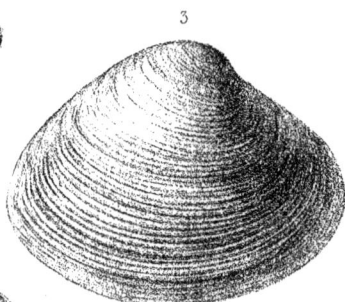

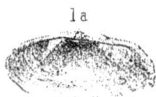

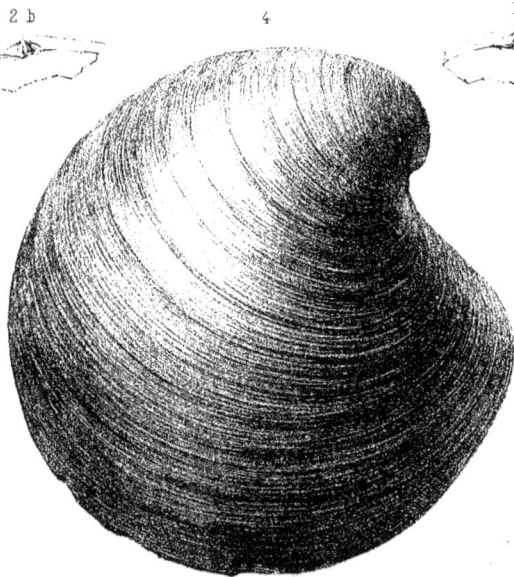

XI

2

3

1

2 a

1 a

2 b

4

1 b

Castro Lith.

Lith R Formosa 107

PLANCHE XI

PSAMMOBIA UNIRADIATA Brocchi var. **LUSITANICA** D.C.G. n. var.
Pl. XI, fig. 1, 1 a, 1 b et 2, 2 a, 2 b (*Vide ante* pl. IX)

TAPES AENIGMATICUS Fischer et Tournouer
Pl. XI, fig. 3 (*Vide ante* pl. IX)

VENUS *(Amiantis)* **GIGAS** Lamarck sp.
Pl. XI, fig. 4 (*Vide ante* pl. X)

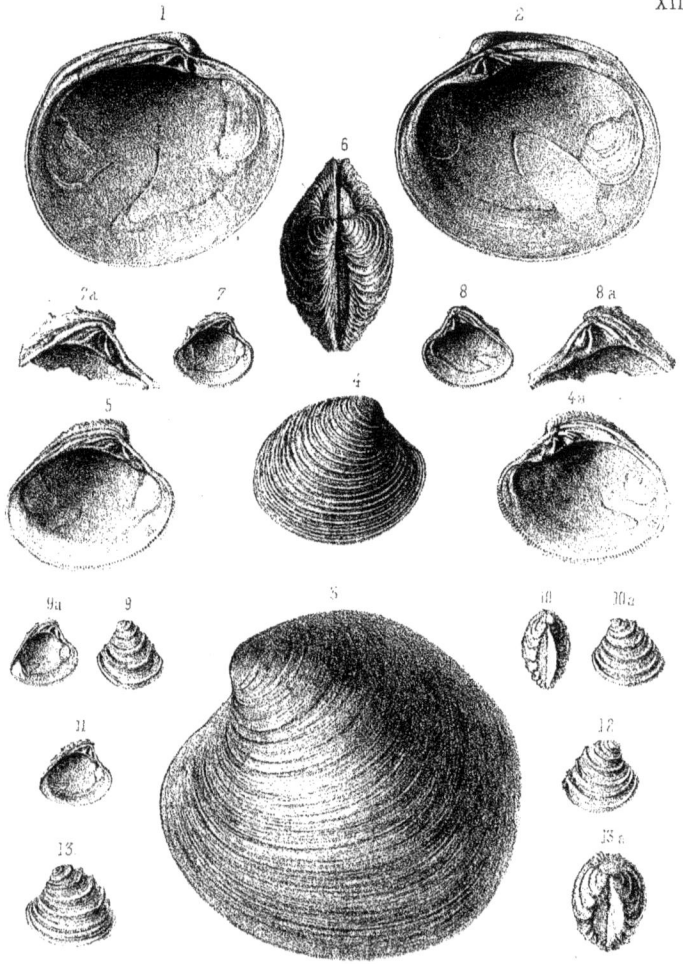

PLANCHE XII

VENUS *(Amiantis)* BROCCHII DESHAYES
Pl. XII, fig. 1, 2 et 3

1835. *Venus Brocchi*   DESHAYES *in* LAMARCK, Anim. sans vert., t. VI, p. 289 (*pars*), note.
1836.   —   —   DESHAYES, Expédition de Morée, Moll., p. 98, pl. XX, fig. 9–10.
1837.   —   — Desh.   BRONN, Lethaea Geognostica, p. 951, pl. XXXVIII, fig. 1.
1837.   — *islandicoides*   PUSCH (non Lam.), Polens Palaeontologie, p. 74, pl, VIII, fig. 5.
1847. *Artemis elliptica*   SOWERBY *in* SMITH, Tertiary Beds of the Tagus, p. 412 et 417, pl. XV, fig. 2 et 3.
1848. *Venus Brocchii*   DESHAYES, Traité Élém. Conchyl., I, p. 544,
1862.   — *islandicoides*   HOERNES (non Lam.), Foss. Moll. Wien, II, p. 121, pl. XIII, fig. 2.
1890. *Amiantis Brocchii* Desh. SACCO, I Moll. Terr. Terz., Part. XXVIII, p. 23, pl. V, fig. 6–9.

OBSERVATIONS.— Nous adoptons la manière de voir de Mr. Sacco en conservant à cette forme l'ancien nom de Deshayes, bien que cet auteur y ait confondu plusieurs espèces différentes, et nous considérerons la figure de l'*Expédition de Morée* comme typique.

La forme générale est bien ovalaire, la charnière très couchée est bien plus faible que dans *Venus gigas*. Elle est peu bombée et se distingue aisément par cela du *V. islandicoides* Lam. véritable, qui est commun à Millas. Il n'y a pas de lunule, quelques rares échantillons, dont un a été dessiné fig. 2, présentent une dentelon cardinal postérieur supplémentaire.

Il faut rejetter de la synonymie: *V. Dujardini* Hoern., *V. aequalis* Sow., *V. Agassizi* Pecchioli, *V. Brauni* Ag. Long. 60 mm., haut. 52. La figure 3 nous paraît devoir être classée comme variété *rotundata* D.C.G., dans laquelle la région du corselet est plus haute que le crochet. Long. 94 mm., haut. 92.

Nous pensons d'après des échantillons recueillis à Portinho da Costa, Forno do Tijolo, etc. (Burdigalien), mais non figurés, que le *V. islandicoides* Lam. existe également au Portugal (*Cytherea incrassata* Desh. *non* Sow.) *in* Smith.

GISEMENTS.— Exemplaires figurés: Cacella (Tortonien).
Autres localités: Adiça, Rego, Mutella, Casal das Rolas (Tortonien); Margueira, Xabregas (Helvétien).

VENUS *(Ventricola)* MULTILAMELLA LAMARCK sp. *(Cytherea)*
Pl. XII, fig. 4, 4 a, 5 et 6

1818. *Cytherea multilamella* LAMARCK, Anim. sans vert., t. V, p. 581.
1829. *Venus rugosa*   M. DE SERRES (non L.), Géog. Terr. Tert., p. 149, pl. VI, fig. 7 (méd.).
1845.   — *cincta*   AGASSIZ, Iconograph. Coq. Tert., p. 36, pl. IV, fig. 7–10.
1880.   — *multilamella* Lam. FONTANNES, Moll. plioc. Vallée du Rhone, II, p. 80, pl. III, fig. 2.
1900. *Ventricola multilamella* Lam. SACCO, I Moll. Terr. Terz., Part. XXVIII, p. 30, pl. VIII, fig. 1 à 5.

OBSERVATIONS.— Coquille obronde, bien bombée, ce qui la distingue de *V. casina*, pourvue de lamelles minces, élevée, distinctes et assez régulières. Long. 38 mm., haut. 33. Lunule et corselet très apparents.

GISEMENTS.— Exemplaires figurés: Cacella (Tortonien).
Autres localités: Mutella part. sup. (Tortonien); Margueira, Almada, Xabregas (Helvétien); Porto Brandão, Carnide (Burdigalien); Prazeres, Tunnel do Rocio (Aquitanien).

VENUS *(Clausinella)* FASCIATA DA COSTA sp.

Pl. XII, fig. 7 à 13 *a*

1778. *Pectunculus fasciatus*   DA COSTA, British Conchol., p. 188, pl. XIII, fig. 3.
1837. *Venus Brongniarti* Payraudeau. BRONN, Lethaea Geognostica, II, p. 949, pl. XXXVIII, fig. 5.
1862.   —   *scalaris* Bronn.   HOERNES, Foss. Moll. Wien, II, p. 137, pl. XV, fig. 10.
1893.   —   *fasciata* Da Costa   B.D.D., Moll. marins du Roussillon, II, p. 382, pl. LIX, fig. 1 à 11.

OBSERVATIONS.— Coquille extrêmement variable, nous réunissons autour du type le plus ancien des formes souvent considérées comme des espèces, mais qui présentent de nombreux passages.

Tous les échantillons figurés sont remarquables par leur forme trigone, ils varient par l'aplatissement des valves et la disposition des lamelles; on peut distinguer:

Fig. 9. var. *stricta* Sacco. Coquille petite, trigone, aplatie, lamelles peu épaisses, espacées. Long. 16 mm., haut. 16.

Fig. 13. var. *Basteroti* Desh. Coquille renflée, lamelles minces, relevées et infléchies. Long. 21 mm., haut. 19.

Nous avons encore: var. *scalaris* Bronn, forme ovalaire, lamelles circulaires, espacées, épaisses; non figurée.

GISEMENTS.— Cacella (Tortonien).

Autre localité: Margueira.

39

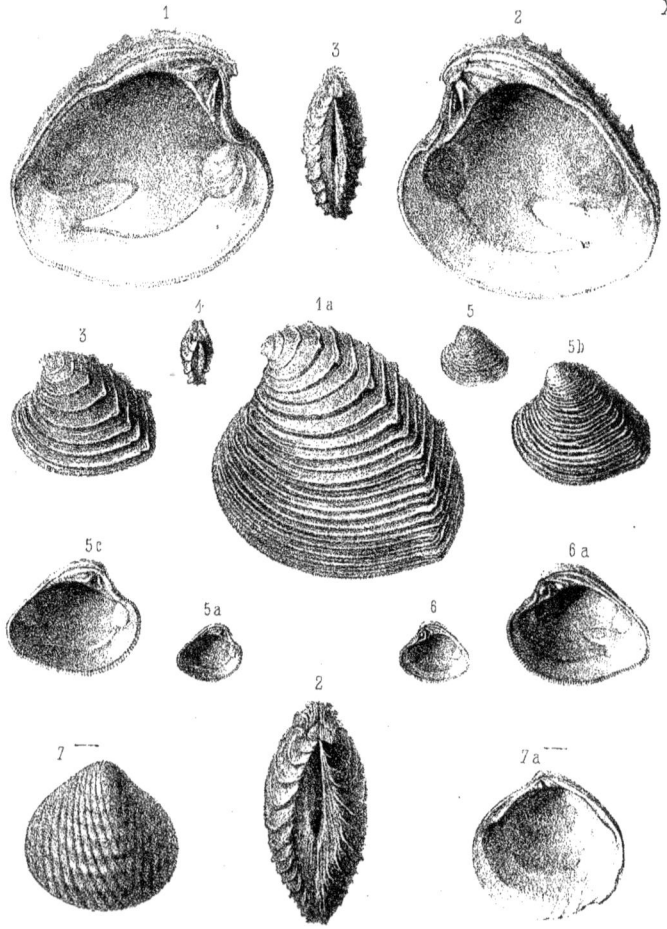

PLANCHE XIII

VENUS *(Circomphalus)* PLICATA GMELIN

Pl. XIII, fig. 1, 1 a, 2, 2, 3, 3 et 4

1790. *Venus plicata*	GMELIN, Syst. Nat., XIII, p. 3276.
1818. — — Gmel.	LAMARCK, Anim. sans vert., v, p. 588.
1840. — — —	GOLDFUSS, Petref. Germaniae, II, p. 248, pl. 151, fig. 9.
1862. — — —	HOERNES, Foss. Moll. Wien, II, p. 132, pl. XLV, fig. 4-6.
1893. — *pliocenica* De Stef.	PANTANELLI, Lamellibranch. pliocenici, p. 206.
1900. *Circomphalus plicatus* Gmel.	SACCO, I Moll. Terr. Terz., Part. XXVIII, p. 44, pl. X, fig. 15-22.
1901. *Venus pliocenica* De Stef.	TRENTANOVE, Il Mioc. Medio di Popogna, p. 539, pl. VIII, fig. 13-17.

OBSERVATIONS. — Mr. de Stefani a suggéré que l'espèce fossile était différente de l'espèce vivante de l'Océan Indien et il a cru devoir changer son nom. Mais c'est une erreur, l'espèce fossile d'Italie et du Portugal est identique à l'espèce vivante du Sénégal qui est justement le type de Gmelin. En fait, il existe deux formes vivantes souvent confondues qui sont distinctes l'une de l'autre, et celle de l'Océan Pacifique doit porter le nom de *Venus peruviana* Sow.

Les exemplaires du Portugal ont les crochets plus proéminants qu'aucune des variétés classées par Mr. G. Trentanove, les lamelles sont plus espacées et plus épineuses, ils se rapprochent incontestablement plus du type original. C'est très probablement le *Venus dysera* Brocchi (non L.) Sowerby *in* Smith, Tertiary Beds of the Tagus. Long. 60 mm., haut. 60.

GISEMENTS. — Exemplaires figurés: Cacella (Tortonien).

Autres localités: Adiça, Rego, Mutella part. sup., Olivaes (Tortonien); Almada, Margueira, Xabregas, Valde-Chellas (Helvétien); Forno do Tijolo, Banatica (Burdigalien).

VENUS *(Chamelea)* GALLINA LINNÉ

Pl. XIII, fig. 5, 5 a, 5 b, 5 c, 6, 6 a

1767. *Venus gallina*	LINNÉ, Syst. Nat., XII, p. 1130.
1814. — *senilis*	BROCCHI, Conch. subap., II, p. 539, pl. XIII, fig. 13.
1837. — *gallina* L.	BRONN, Lethaea Geognostica, II, p. 948, pl. XXXVIII, fig. 6.
1893. — — —	B.D.D., Moll. marins du Roussillon, II, p. 355, pl. 56, fig. 1 à 15.
1900. *Chamelaea gallina* L.	SACCO, I Moll. Terr. Terz., Part. XXVIII, p. 36, pl. IX, fig. 18-30.

OBSERVATIONS. — Beaucoup d'échantillons vivants ou fossiles atteignent la taille des échantillons 5 b, 5 c, 6 a, qui sont figurés comme grossis. Long. 31 mm., haut. 27.

GISEMENTS. — Cacella, Rego (Tortonien).

WOODIA CONVERGENS D.C.G. n. sp.

Pl. XIII, fig. 7, 7 a

«Testa parva, ovata, rotundata, subaequilatera, parum convexa; superficia striis curvatis radiater convergentibus ornata, intervallibus convexis; cardine parva, dente cardinale unico, piramidale; impressionibus muscularibus parum signatis, linea palleare ignota». Long. 3 mm., alt. 2,6.

OBSERVATIONS. — L'échantillon que nous avons examiné est plus transverse que celui qui est figuré, il ne montre pas de sillons concentriques, et les sillons rayonnants par contre sont beaucoup plus accentués, très profonds, laissant entre eux les côtes arrondies courbées. La ligne de divergence des chevrons qui sépare la surface en deux régions inégales est dirigée obliquement vers le tiers postérieur.

40

L'ouverture des chevrons est étroite, elle est dirigée vers la région cardinale, ce qui est l'inverse de ce qui est connu dans les *Divaricella* et le *Lucina bipartita* Philippi.

La ligne palléale n'est pas visible, elle est vraisemblablement simple, l'armature dentaire est fruste et nous laisse quelque doute sur la position systématique réelle de cette petite coquille si curieusement ornée.

GISEMENTS.—Exemplaire figuré: Cacella? (Tortonien).

Autre localité: Affonso Martins (Cacella) (Tortonien).

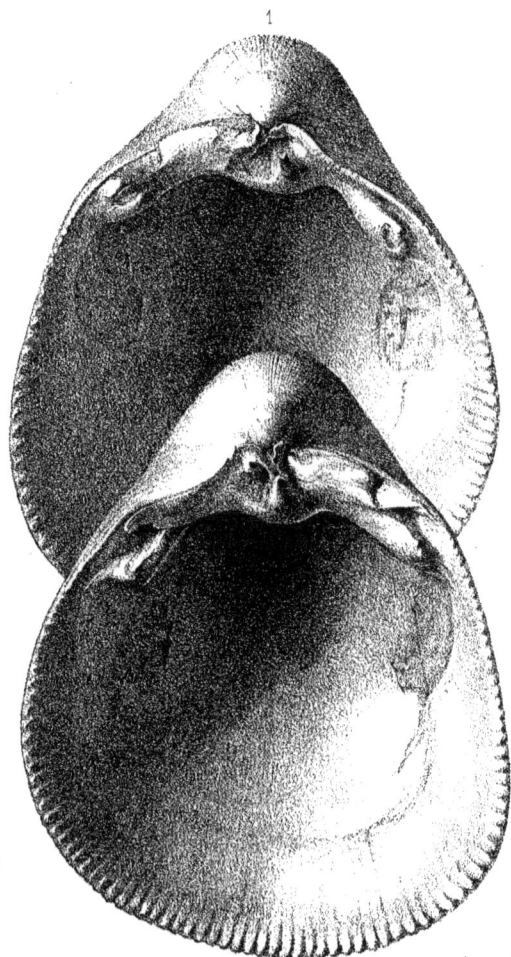

1

Castro Lith.

PLANCHE XIV

CARDIUM *(Divaricardium)* DISCREPANS Basterot var. HERCULEA D.C.G. n. var.

Pl. XIV, fig. 1 et pl. XV, fig. 5

1826. *Cardium discrepans*   Basterot, Mém. Géol. env. Bordeaux, p. 83, pl. VI, fig. 5.
1850.   —   —   Bast. Deshayes, Traité Élém. Conchyl., ii, p. 67.
1862.   —   —   — Hoernes, Foss. Moll. Wien, ii, p. 174, pl. XXIV, fig. 1-5.
1867.   —   —   — Bachmann, Umgebung. von Bern, p. 35, pl. II, fig. 7 (moule).
1899. *Discors discrepans* Bast.   Sacco, I Moll. Terr. Terz., Part. xxvii, p. 54.
1901. *Cardium discrepans* Bast. Dollfus et Dautzenberg, Nouvelle liste Pélécypodes de la Touraine, Jour. Conchyl., vol.
             xlix, p. 262.

OBSERVATIONS.— La grande forme figurée sur la planche de Costa qui se trouve également en Touraine, en Autriche, etc., est fort différente des échantillons du Bordelais représentés par Basterot et nous n'aurions pas hésité à en faire une espèce distincte si nous n'avions découvert dans la collection de l'École des Mines de Paris des échantillons de passage entre la figuration originale et celle de nos plus grands specimens. Hoernes a pu aussi recueillir une série complète à Grund. Les échantillons de Portugal sont bien moins transverses que ceux d'Autriche, nous mesurons leurs dimensions comme suit:

Portugal hauteur 131 mm., largeur 111.
Autriche   — 107 —   — 102.

Sur la fig. 5, pl. XV, on a omis de figurer quelques grands sillons obliques espacés que viennent couper irrégulièrement les côtes rayonnantes; les figures de Sacco sont tout-à-fait mauvaises, les côtes rayonnantes ne sont pas même visibles. Nous proposons donc pour nos figures la variété *herculea* pour désigner la race de grande taille de l'Helvétien et du Tortonien.

GISEMENTS.— Exemplaires figurés: Cacella (Tortonien).

Autres localités: Adiça, Rego, Mutella part. sup., Casal das Rolas (Tortonien); Marvilla, Margueira, Areeiro (rive gauche du Tage) à l'O. de Sobreda (Helvétien); Palma de Cima (Burdigalien); Prazeres, Azeitão (Aquitanien).

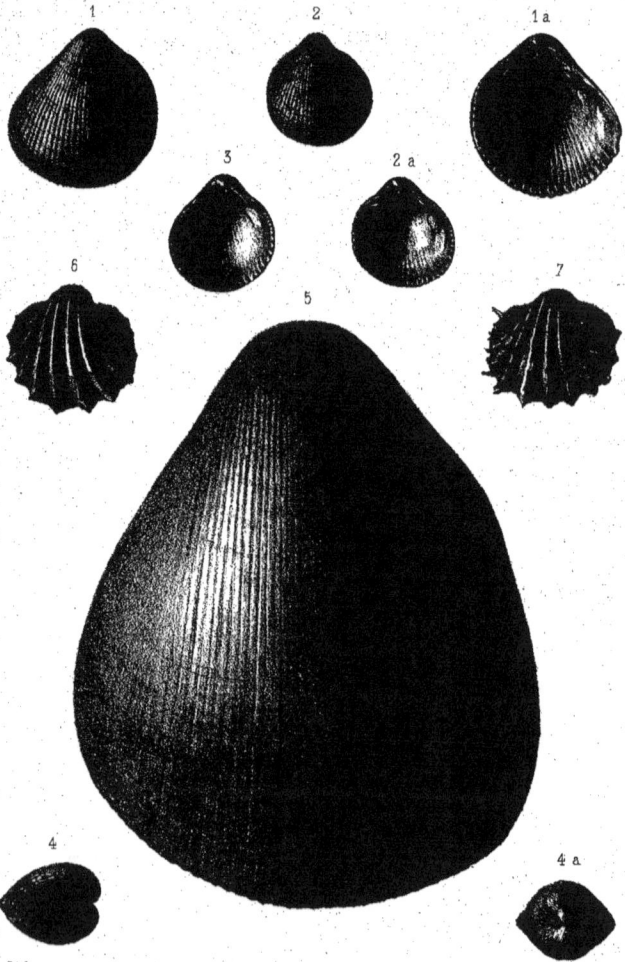

Castro Lith.

Lith R. Formoza 107

PLANCHE XV

CARDIUM *(Laevicardium)* OBLONGUM CHEMNITZ var. COMITATENSIS FONTANNES

Pl. XV, fig. 1, 1 *a*, 2, 2 *a*, 3, 4, 4 *a*

1782. *Cardium oblongum*   CHEMNITZ, Conchyl. Cabinet, VI, p. 195, pl. XIX, fig. 190.
1814.   —   —   BROCCHI, Conchyl. subap., II, p. 503.
1819.   —   *sulcatum*   LAMARCK, Anim. sans vert., t. VI, p. 10.
1881. *Laevicardium oblongum* Chem. FONTANNES, Moll. Plioc. Vallée du Rhône, II, p. 101, pl. VI, fig. 12–15.
1892. *Cardium oblongum* Chem.   B.D.D., Moll. marins du Roussillon, t. II, p. 303, pl. 49, fig. 1–4.
1899. *Laevicardium oblongum* Chem. SACCO, I Moll. Terr. Terz., part. XXVII, p. 52, pl. XI, fig. 46–47.

OBSERVATIONS.— Le type de Chemnitz représente une grande espèce haute, qui a 70 mm. sur 57. Nos plus grands échantillons n'ont que 36 mm. sur 34, ils sont donc sensiblement plus petits. On compte toujours 28 à 30 côtes, les aires latérales sont dépourvues de côtes, ou n'ont que des côtes très frustres. La coquille est peu épaisse et profonde. Les exemplaires de Fontannes sont identiques et nous sommes certainement en présence de la variété *Comitatensis*.

Nous avons un très grand moule de Salgadas (Chellas), mesurant 70×55 mm., à crochets nettement obliques, que nous pensons devoir appartenir au type de cette espèce.

GISEMENTS.— Exemplaires figurés: Cacella (Tortonien).
Autres localités: Adiça (Tortonien); Salgadas (Helvétien).

CARDIUM DISCREPANS BAST. var.

Pl. XV, fig. 5 *(Vide ante* pl. XIV)

CARDIUM PAUCICOSTATUM SOWERBY

Pl. XV, fig. 6, 7 et pl. XVI, fig. 1, 2, 3

1814. *Cardium ciliare*   BROCCHI (*non* Linné), (*pars*) Conchyl. subap., II, p. 502, 666.
1839.   —   *paucicostatum*   SOWERBY, Illustr. Conchyl., pl. I, fig. 20.
1847.   —   —   SOWERBY *in* SMITH, Tertiary Beds of the Tagus, p. 413.
1873.   —   *Bianconianum*   COCCONI, Enum. Moll. mioc. plioc. Pàrma, p. 296, pl. IX, fig. 6–9.
1892.   —   *paucicostatum* Sow. B.D.D., Moll. marins du Roussillon, II, p. 268, pl. 44, fig. 1 à 8.
1899.   —   —   — SACCO, I Moll. Terr. Terz., Part. XXVII, p. 35, pl. VIII, fig. 14 à 23.
1900.   —   *turonicum* var. *Grundensis* IVOLAS et PEYROT, Étude Paléont. faluns Tour., p. 105, pl. III, fig. 14 à 15.

OBSERVATIONS.— La nomenclature de cette espèce a eu beaucoup de peine à s'établir, les anciens auteurs l'ont désigné sous le nom de *C. ciliare* Linné, qui a été fondé sur un jeune specimen de *C. echinatum*. D'autres auteurs l'ont confondu avec le *C. aculeatum*, puis on l'a considérée comme une variété du *C. turonicum* Mayer. Le *C. turonicum* var. *Grundensis* (*tantum*) est une variété de petite taille mais identique, le *C. Bianconii* est au contraire une variété très grande, d'une taille que nos échantillons du Portugal n'atteignent point.

De fait cette espèce présente des variations étendues, nous avons sous les yeux des exemplaires du Portugal petits, très minces, presque droits, d'autres de plus grande taille très fortement obliques, var. *producta* B.D.D.; enfin les exemplaires figurés sont de forme régulière, à côtes demi obliques, fortement accentuées et espacées; ils mesurent 27 mm. dans les deux sens; côtes 15.

GISEMENTS.— Exemplaires figurés: Cacella (Tortonien).
Autres localités: Adiça, Mutella part. sup. (Tortonien).

43

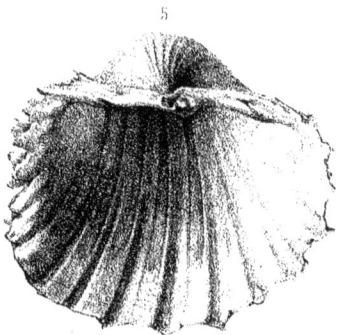

XVI

Castro, Lith.

Lith. B. Formma 101

PLANCHE XVI

CARDIUM PAUCICOSTATUM Sowerby
Pl. XVI, fig. 1, 2, 3 (*Vide ante* pl. XV)

CARDIUM *(Ringicardium)* HIANS Brocchi var. RECTA D.C.G. n. var.
Pl. XVI, fig. 4, 5 et 6

1814. *Cardium hians*	Brocchi, Conchyl. subap., ii, p. 508, pl. XIII, fig, 6.
1819. — *indicum*	Lamarck, Anim. sans vert., t. vi. p. 4. (Erreur de provenance.
1847. — *hians* Br.	Sowerby *in* Smith, Tertiary Beds of the Tagus, p. 412.
1862. — — —	Hoernes, Foss. Moll. Wien, ii, p. 181, pl. XXVI, fig. 4–5.
1867. — — —	Weinkauff, Conchyl. der Mittlem., i, p. 129.
1881. — — —	Fontannes, Moll. Plioc. Vallée du Rhône, ii, p. 80, pl. V, fig. 1.
1899. *Ringicardium hians* Br.	Sacco, I Moll. Terr. Terz., Part. xxvii, p. 42, pl. X, fig. 11–13.

Observations.—Nos figures ne représentent pas le type de cette grande coquille. Nous avons dans la collection de Cacella de grands fragments à côtes espacées avec cordons intermédiaires, d'autres avec des épines longues et acérées qui prouvent que le type existait cependant en Portugal avec son maximum de développement. Nous proposons pour les exemplaires figurés la variété *recta,* largeur 90 mm., hauteur 80. Les côtes sont assez serrées, presque droites, la forme générale moins brièvement tronquée en avant.

Mr. Mayer pensant que l'espèce fossile de Brocchi différait de l'espèce vivante qu'il croyait exotique, avait proposé pour cette dernière forme le nom de *Cardium Darwini* qu'on ne peut maintenir, de leur côté Fischer et Tournouër ont figuré sous le nom de C. *Darwini* Mayer du Miocène de Salles et de Cabrières un *Cardium* voisin du C. *hians,* mais beaucoup plus oblique, à côtes plus espacées, moins nombreuses, à épines tubuleuses, qu'on ne peut maintenir que comme une variété du C. *hians,* car on trouve de nombreux passages.

Gisements.—Exemplaires figurés: Cacella (Tortonien).

Autres localités: Adiça, Rego, Mutella, Olivaes, Braço de Prata (Tortonien); Margueira, Marvilla, Xabregas, Val-de-Chellas (Helvétien); Forno do Tijolo, Porto Brandão, Banatica (Burdigalien).

XVII

6 a

6

7

7 b

7 a

2

4 a

4

5

9

8

8 a

3

1

Castro Lith.

PLANCHE XVII

CARDIUM *(Trachycardium)* MULTICOSTATUM Brocchi

Pl. XVII, fig. 1

1814. *Cardium multicostatum* Brocchi, Conchyl. subap., II, p. 506, pl. XIII, fig. 2.
1847. — — Smith, Tertiary Beds of the Tagus, p. 412.
1862. — — Br. Hoernes, Foss. Moll. Wien, II, p. 179, pl. 30, fig. 7.
1882. — — — Fontannes, Moll. Plioc. Vallée du Rhône, II, p. 87, pl. V, fig. 10.
1899. *Trachycardium multicostatum* Br. Sacco, I Moll. Terr. Terz., Part. XXVII, p. 41, pl. X, fig. 1-2.

OBSERVATIONS.—Forme rare en Portugal, nettement oblique, les crêtes épineuses qui séparent les côtes rayonnantes sont rarement bien conservées et aucune trace n'en est visible dans notre figure, ce sont cependant ces crêtes qui éloignent les formes de ce groupe de celles du groupe du *C. oblongum*.

GISEMENTS.—Exemplaire figuré: Rego (Tortonien).
Autres localités: Adiça, Olivaes (Tortonien); Marvilla, Costa de Picagallo (Helvétien); Olho de Boi (Burdigalien).

LUCINA *(Codokia)* LEONINA Basterot sp. *(Cytherea)*

Pl. XVII, fig. 2-3

1814. *Venus tigerina* Brocchi *(non Linné)*, Conchyl. subap., II, p. 551.
1825. *Cytherea leonina* Basterot, Mém. Géol. env. Bordeaux, p. 90, pl. VI, fig. 1.
1845. *Lucina leonina* Bast. Agassiz, Iconog. Coq. Tert., p. 62, pl. XII, fig. 13-15.
1865. — — — Hoernes, Foss. Moll. Wien, II, p. 221, pl. 32, fig. 1.
1901. *Codokia leonina* Bast. Sacco, I Moll. Terr. Terz., Part. XXIX, p. 92, pl. XXI, fig. 1-2.

OBSERVATIONS.—La forme voisine du Sénégal est le Codok d'Adanson, *Lucina tigerina* L., tandis que celle de la mer Rouge, qui est distincte, doit porter le nom de *Lucina interrupta* Lam. Peu d'échantillons atteignent la taille de l'exemplaire figuré, 78 mm. dans les deux dimensions.

GISEMENTS.—Exemplaire figuré: Camarate (Helvétien).
Autres localités: Margueira, Xabregas, Cruz de Santa Apolonia (Lisboa), Casal do Saragossa (Helvétien).

LUCINA FRAGILIS Philippi ·

Pl. XVII, fig. 4, 4 a, b

1814. *Venus edentula* Brocchi *(non Linné)*, Conchyl. subap., II, p. 552.
1825. *Lucina renulata* Basterot *(non Lamarck)*, Mém. Géol. env. Bordeaux, p. 88.
1836. — *fragilis* Philippi, Enum. Moll. Siciliae, I, p. 34.
1850. — *Sismondae* Deshayes, Traité Élém. Conchyl., I, p. 783-786.
1882. — — Desh. Fontannes, Moll. Plioc. Vallée du Rhône, II, p. 110, pl. VI, fig. 22.
1901. — *fragilis* Phil. Sacco, I Moll. Terr. Terz., Part. XXIX, p. 69, pl. XVII, fig. 3-5.

OBSERVATIONS.—La nomenclature de cette espèce a eu beaucoup de peine à se dégager et à se fixer; c'est une coquille arrondie très régulièrement, très profonde, ornée de stries d'accroissement fines, inégales, charnière transversale réduite à un sillon au dessous des crochets. Larg. 21 mm., haut. 19.

Mr. de Monterosato a créé pour cette coquille un sous-genre *Loripinus* (1884), que nous paraît inutile, cette forme rentre dans le groupe des *Lucina* typiques.

GISEMENT.—Exemplaires figurés: Cacella (Tortonien).

45

LUCINA *(Linga)* COLUMBELLA Lamarck

Pl. XVII, fig. 6, 6 *a*, 7, 7 *a*, 7 *b*

1818. *Lucina columbella*   Lamarck, Anim. sans vert., v, p. 543.
1825.   —   —   Lam. Basterot, Mém. Géol. env. Bordeaux, p. 86, pl. V, fig. 11.
1837.   —   —   — Bronn, Lethaea Geognostica, p. 959, pl. XXXVII, fig. 15.
1845.   —   —   — Agassiz, Iconog. Coq. Tert., p. 56, pl. XI, fig. 13–27.
1847.   —   —   Bast. Smith, Tertiary Beds of the Tagus, p. 412.
1865.   —   —   Lam. Hoernes, Foss. Moll. Wien, ii, p. 231, pl. XXXIII, fig. 5.
1901. *Linga columbella*   — Sacco, I Moll. Terr. Terz., Part. xxix, p. 91, pl. XX, fig. 54–57.

Observations.—Les figures 6 *a* et 7 *b* sont grandies, nos échantillons d'Adiça ont 20 mm. dans les deux dimensions, leur épaisseur est énorme, le bord palléal est renforcé, et la cuvette centrale très profonde; la lunule et le corselet très apparents, le bord palléal externe est orné d'ondulations rayonnantes fines et serrés.

Gisements.—Exemplaires figurés: Adiça (Tortonien).

Autres localités: Cacella, Mutella part. sup., Rego, Areeiro, à l'O. de Sobreda (Tortonien); Margueira, Xabregas (Helvétien).

LUCINA *(Dentilucina)* ORBICULARIS Deshayes

Pl. XVII, fig. 8, 8 *a*, 9

1814. *Lucina pensilvanica*   Brocchi *(non* Linné), Conchyl. subap., ii, p. 531.
1836.   — *orbicularis*   Deshayes, Expédition de Morée. Mollusques, iii, p. 95, pl. XXII, fig. 6–8.
1852.   — *Brocchii*   d'Orbigny, Prodrome de Paléont., iii, p. 116.
1901. *Dentilucina orbicularis* Desh. Sacco, I Moll. Terr. Terz., Part. xxix, p. 78, pl. XVIII, fig. 14–15.

Observations.—Il n'est pas certain que la nomenclature de cette espèce soit encore fixée, car il existe un *L. orbicularis* Sowerby *(in* Fitton) créé la même année que l'espèce de Deshayes.

L'ornementation extérieure ne manque pas d'un certain analogie avec *Venus plicata*, mais les détails et la charnière sont tout autres.

Gisements.—Exemplaire figuré: Cacella (Tortonien).

Autres localités: Mutella part. sup., Areeiro, à l'O. de Sobreda (Tortonien).

46

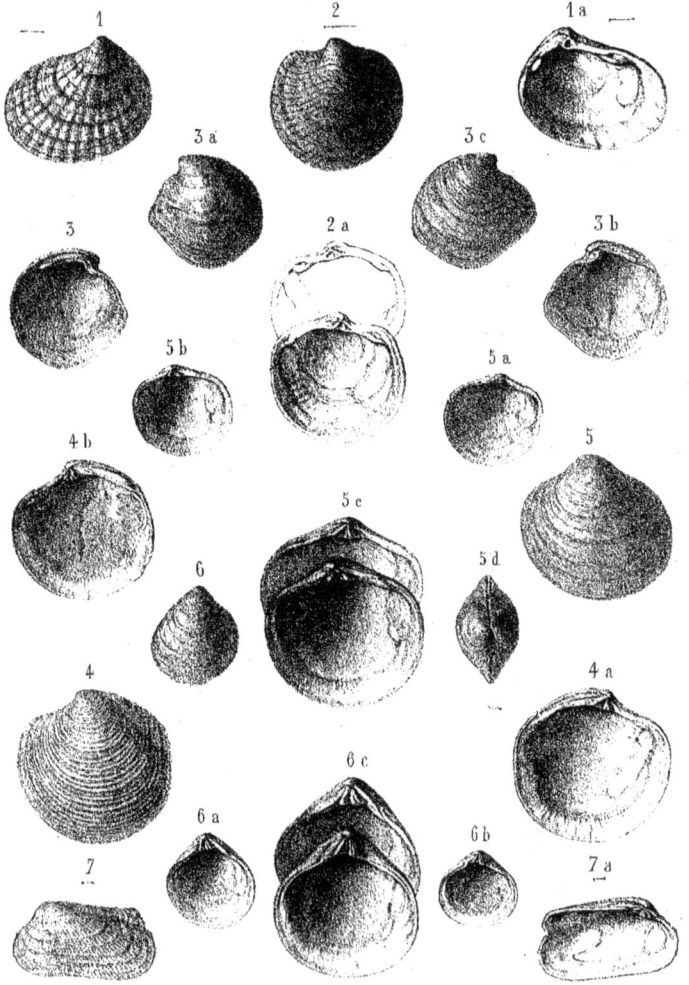

XVIII

1   2   1 a
3 a   3 c
3   2 a   3 b
5 b   5 a
4 b   5 c   5 d   5
6
4   6 c   4 a
6 a   6 b
7   7 a

Castro lith.

PLANCHE XVIII

LUCINA *(Jagonia)* EXIGUA Eichwald

Pl. XVIII, fig. 1, 1 a

1830. *Lucina exigua*   Eichwald, Naturhist. Skiz. Lithauen, p. 206.
1852. — *decorata*   Wood, Crag Mollusca, ii, p. 141, pl. XII, fig. 6.
1853. — *exigua*   Eichwald, Lethaea Rossica, iii, p. 83, pl. V, fig. 1.
1865. — — Eichw. Hoernes, Foss. Moll. Wien, ii, p. 243, pl. 33, fig. 12.

Observations.— Le diamètre antéro-postérieur n'excéde pas 6 mm. Cette espèce rappelle surtout *L. squamosa* Lam. du Stampien de Paris. Il semble que c'est le *Jagonia reticulata* var. *perobliqua* Sacco (I Moll. Terr. Terz., Part. xxix, p. 98, pl. XX, fig. 68 *tantum*).

Gisement.—Exemplaire figuré: Cacella (Tortonien).

LUCINA *(Divaricella)* ORNATA Agassiz

Pl. XVIII, fig. 2, 2 a.

1831. *Lucina divaricata*   Dubois de Montpéreux (*non* Linné), Conchyl. foss. Plat. Wol-Pod., p. 57, pl. VI, fig. 12.
1845. — *ornata*   Agassiz, Iconog. Coq. Tertiaires, p. 64.
1865. — — Ag.   Hoernes, Foss. Moll. Wien, ii, p. 233, pl. 33, fig. 6 a, 6 b.
1901. *Divaricella divaricata* var. or-
        nata Ag.   Sacco, I Moll. Terr. Terz., Part. xxix, p. 100, pl. XXIX, fig. 19 (*tantum*).

Observations.—Le trait gravé qui surmonte la fig. 2 ne représente pas la taille de l'espèce adulte, nos échantillons de Cacella atteignent sensiblement la dimension des dessins.

Gisements.—Exemplaire figuré: Cacella (Tortonien).
Autres localités: Mutella part. sup., Rego, Adiça (Tortonien); Palmella, Almada (Helvétien); Palma (Burdigalien).

LUCINA *(Megaxinus)* TRANSVERSA Bronn

Pl. XVIII, fig. 3, 3 a, 3 b, 3 c

1830. *Lucina transversa*   Bronn, Italien Tertiargeb, p. 95.
1836. — — Br.   Philippi, Enum. Moll. Siciliae, i, p. 35, pl. IV, fig. 2.
1847. — — —   Michelotti, Descrip. foss. Mioc. Ital. Sept., p. 115, pl. IV, fig. 24.
1865. — — —   Hoernes, Foss. Moll. Wien, ii, p. 246, pl. 34, fig. 2.
1901. *Megaxinus transversa* Br.   Sacco, I Moll. Terr. Terz., Part. xxix, p. 73, pl. XVIII, fig. 15 à 22.

Observations.—Larg. 24 mm., haut. 23, surface un peu bossue, les figures n'ont pas assez accentué les impressions musculaires et palléales et le sillon rayonnant central. Peut-être c'est le *Lucina Olyssiponensis* Fontannes, 1884.

Gisements.—Exemplaire figuré: Cacella (Tortonien).
Autres localités: Adiça, Rego, Mutella part. sup. (Tortonien).

LUCINA *(Dentilucina)* BOREALIS Linné sp. *(Venus)*

Pl. XVIII, fig. 4, 4 a, 4 b

1766. *Venus borealis*   Linné, Systema Naturae, xii, p. 1134.
1803. *Tellina radula*   Montagu, Testacea Britannica, p. 68.
1814. *Venus circinnata*   Brocchi (*non* Linné), Conchyl. subap., ii, p. 552, pl. XIV, fig. 6.
1865. *Lucina borealis* L.   Hoernes, Foss. Moll. Wien, ii, p. 229, pl. 33, fig. 4.
1881. —   — —   Fontannes. Moll. plioc. vallée Rhône, ii, p. 107, pl. VI, fig. 18-19
1901. *Dentilucina borealis* L. Sacco, I Moll. Terr. Terz., Part. xxix, p. 80, pl. XVIII, fig.23-24.

Observations.—Dans son étude des coquilles de Linné conservées à Londres, Mr. Hanley désigne la figure 160 de Donovan (Nat, Hist. British Shells, vol. iv), comme représentant convenablement l'espèce. Il faut effacer la référence de Lister donnée par Linné qui ne correspond ni à sa description, ni aux specimen originaux. Nos échantillons sont peu éloignés du type. Long. 34 mm., haut. 32.

Gisemrnts.—Exemplaire figuré: Cacella (Tortonien).
Autres localités: Adiça, Rego, Mutella part. sup., Olivaes (Tortonien).

DIPLODONTA ROTUNDATA Montagu sp.

Pl. XVIII, fig. 5, 5 a, 5 b, 5 c, 5 d

1803. *Tellina rotundata*   Montagu, Testacea Britannica, i, p. 71, pl. II, fig. 3.
1814. *Venus lupinus*   Brocchi (*non* Linné), Conchyl. subap., ii, p. 553, pl. XIV, fig. 8.
1837. *Diplodonta lupinus*   Bronn (*non* Linné), Lethaea Geognostica, p. 962, pl. XXXVII, fig. 18 (méd.).
1847. *Lucina rotundata* Turton(?) Smith, Tertiary Beds of the Tagus, p. 412.
1865. *Diplodonta rotundata* Mont. Hoernes, Foss. Moll. Wien, ii, p. 216, pl. 32, fig. 3.
1901. —   —   Sacco, I Moll. Terr. Terz., Part. xxix, p. 62, pl. XV, fig. 12-13.

Observations.—Surface lisse, zones d'accroissement diversement colorées, forme ovale obronde, un peu oblique, un peu élargie du côté de la charnière, bien bombée; dents faibles, la dent cardinale centrale nettement bifide, plateau cardinal faible. Larg. 22 mm., haut. 20.
Cité avec doute du Portugal par Smith dès 1847 sub. nom. *Lucina rotundata* Turt.?

Gisrments.— Exemplaires figurés: Cacella (Tortonien).
Autres localités: Mutella part. sup., Rego (Tortonien); Almada, Val-de-Chellas (Helvétien); Carnide, Palma, Entre Campos, Campo Pequeno (Burdigalien).

DIPLODONTA TRIGONULA Bronn

Pl. XVIII, fig. 6, 6 a, 6 b, 6 c

1831. *Diplodonta trigonula*   Bronn, Italien Tertiargeb, p. 96, pl. III, fig. 2 (méd.).
1851? — *astartea* Nyst. Wood, Crag Mollusca, ii, p. 146, pl. XII, fig. 2 (Suppl., 1874, p. 129).
1865. — *trigonula* Br. Hoernes, Foss. Moll. Wien, ii, p. 218, pl. 32, fig. 4.
1903. — — — Sacco, I Moll. Terr. Terz., Part. xxix, p. 64, pl. XV, fig. 20-22.

Observations.—Surface sublisse, stries concentriques irrégulières d'accroissement, forme trigone, oblongue, oblique, solide, un peu variable, peu bombée, hauteur et largeur 19 mm.; area cardinal très vaste, plus grand que dans *D. opicalis* Philippi.
Nous ne possédons pas assez d'échantillons pour rejetter ou certifier l'assimilation avec le *D. astartea* du Pliocène de Belgique et d'Angleterre, qui a été proposé par S. Wood dans son supplément.

Gisement.— Exemplaires figurés: Cacella (Tortonien).

VENERUPIS IRUS Linné sp. *(Donax)*

Pl. XVIII, fig. 7, 7 a

1767. *Donax irus*   Linné, Systema Naturae, Edit. xii, p. 1128.
1818. *Venerupis Irus* L. Lamarck, Anim. sans vert., v, p. 507.
1851. *Donax Irus* L.   Wood, Crag Mollusca, ii, p. 205, pl. XIX, fig. 6.
1862. *Venerupis Irus* L. Hoernes, Foss. Moll. Wien, ii, p. 110, pl. X, fig. 7.
1893.   —   — — B.D.D., Moll. du Roussillon, ii, p. 438, pl. 67, fig. 9-18.
1900.   —   — — Sacco, I Moll. Terr. Terz., Part. xxviii, p. 59, pl. XIV, fig. 3-6.

Observations.—La figure représente un échantillon très petit, jeune, dans lequel les lamelles concentriques ne sont pas encore bien developpées. L'irrégularité dans le contour postérieur est dû à une ébréchure accidentelle.

Il n'est pas surprenant que cette espèce, qui vit actuellement sur le littoral rocheux de la Mediterrannée, soit rare dans les fonds vaseux du Miocène de l'Algarve.

Gisement.— Exemplaire figuré: Cacella? (Tortonien).

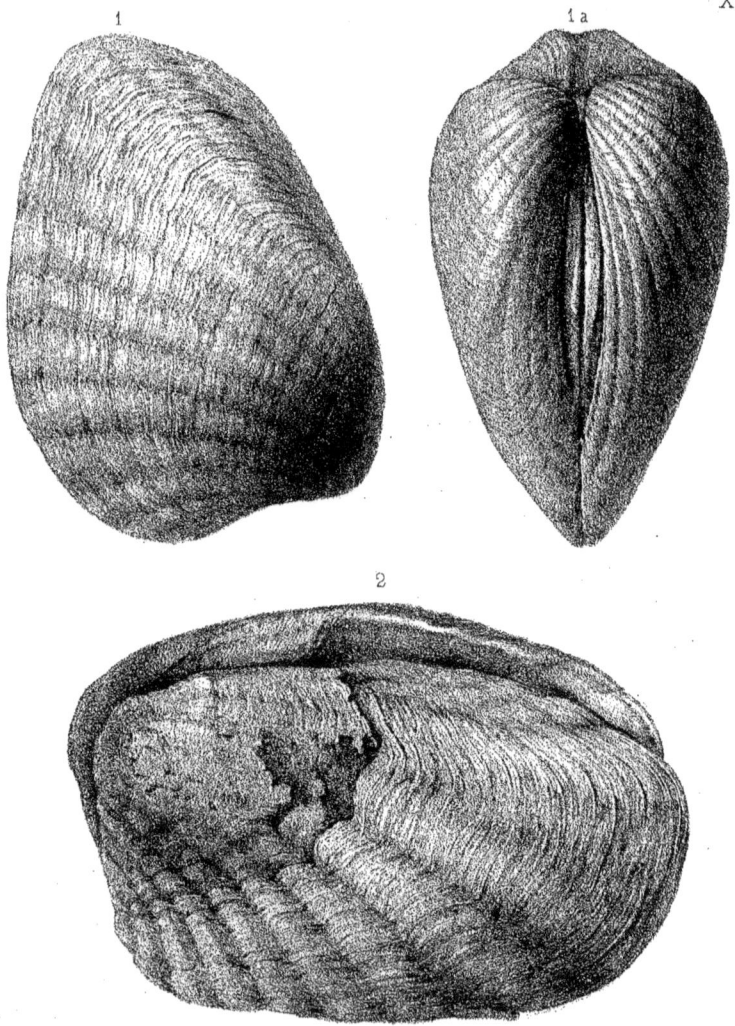

XIX

1

1 a

2

PLANCHE XIX

CARDITA JOUANNETI Basterot
Pl. XIX, fig. 1, 1 a (Voir explication pl. XX)

CARDITA CRASSA Lamarck
Pl. XIX, fig. 2

1819. *Cardita crassa* Lamarck, Anim. sans vert., vi, p. 27 (Touraine).
1832. — — Lam. Deshayes. Coquilles fossiles des environs de Paris, i, p. 181, pl. 30, fig. 17–18. (Échantillons de petite taille, figurés par erreur comme appartenant à l'Eocène.)
1844. — — — Potiez et Michaud, Musée de Douai, i, p. 160, pl. 64, fig. 1.
1847. — *scabricosta* Michilotti, Foss. Mioc. Ital. Sept., p. 98 (Tortone).
1857. — *crassa* Lam. Deshayes, Traité Élém. Conchyl., ii, p. 179, pl. 32, fig. 4–5 (méd.).
1862. — *crassicosta* Hoernes (*non* Lamarck), Foss. Moll. Wien, ii, p. 264, pl. 34, fig. 14–15.
1874. — *crassa* Lam. Fischer et Tournouër, Anim. foss. Mont Léberon, p. 146 (Cabrières).
1878. — *Michaudi* Tour. *in* Locard, Molasse du Lyonnais, p. 146, pl. XIX, fig. 9–10.
1899. — *crassa* Lam. Sacco, I Moll. Terr. Terz., Part. xxvii, p. 7, pl. I, fig. 22 (Turin).

Observations.— Cette espèce est rare en Portugal; nous en avons sous les yeux un gros fragment de Cacella qui dénote une forme de plus grande taille que celle d'aucun exemplaire figuré. Puis un autre spécimen grand aussi appartenant à la Commission Géologique, recueilli à Rego, et qui doit être classé dans la variété *scabricosta* Mich. Enfin à Marvilla on découvre des moules assez nombreux qui paraissent bien appartenir à cette espèce.

Gisements.—Exemplaire figuré: Cacella (Tortonien).
Autres localités: Adiça, Rego, Casal das Rolas (Tortonien); Marvilla (Helvétien).

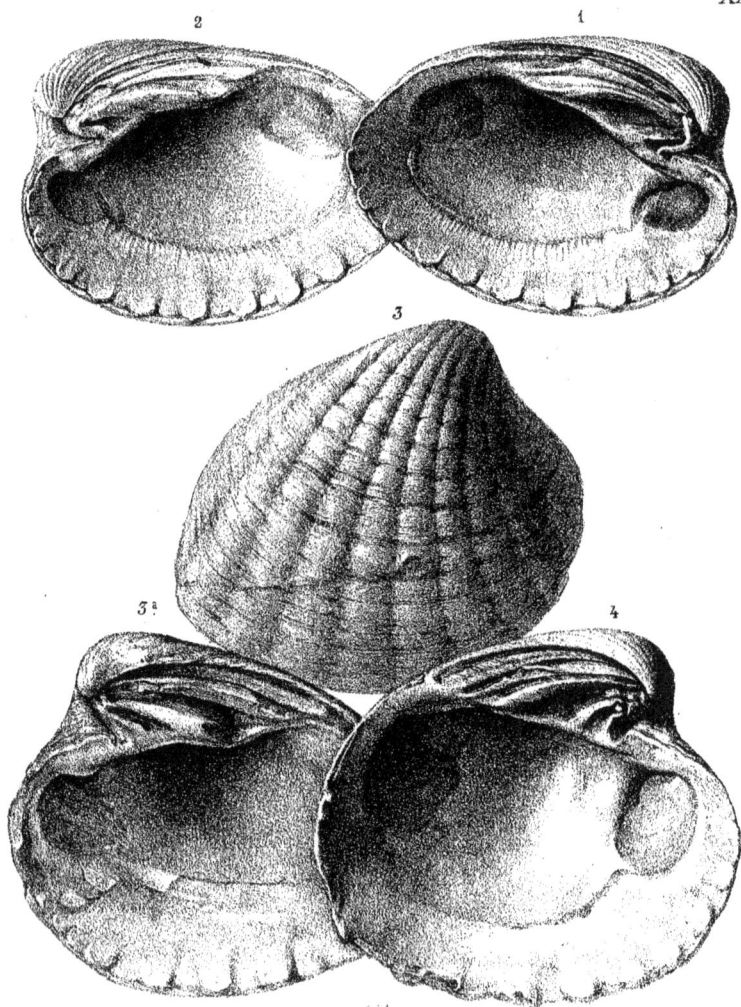

XX

2   1

3

3ª   4

Castro Lith.

PLANCHE XX

CARDITA *(Venericardia)* JOUANNETI Basterot

Pl. XX, fig. 1, 2, 3, 3 a, 4 et pl. XIX, fig. 1, 1 a

1825. *Venericardia Jouanneti*   Basterot, Mém. Géol. Bordeaux, p. 80, pl. V, fig. 3.
1837. *Cardita Jouanneti* Bast.   Goldfuss, Petrefacta Germaniae, ii, p. 187, pl. 133, fig. 15.
1847. *Venericardia Jouanneti* Bast. Smith, Tertiary Beds of the Tagus, p. 413 (Adiça).
1852. *Cardita Jouanneti* Bast.   Deshayes, Traité Élém. Conchyl., ii, p. 178, pl. XXXI, fig. 8-9.
1853.   —   *laticostata*   Eichwald, Lethaea Rossica, iii, p. 89, pl. V, fig. 9.
1862.   —   *Jouanneti* Bast.   Hoernes, Foss. Moll. Wien, ii, p. 266, pl. XXXV, fig. 7-8 *(tantum)*.
1897.   —   —   —   Brives, Foss. Miocènes, Carte Géol. Algérie, p. 17, pl. V, fig. 2-6.
1899. *Megacardita Jouanneti* Bast. Sacco, I Moll. Terr. Terz., Part. xxvii, p. 9, pl. III, fig. 1.

Observations. — Le type de Basterot porte 16 côtes environ séparées par des sillons profonds et bien accentués, il mesure 60×45 mm.; nos figures 1 et 1 a (pl. XIX) qui s'en rapprochent le plus atteignent 106×85 mm., on n'y compte guère qu'une douzaine de côtes séparés par des sillons sans profondeur, nous ne croyons pas cependant devoir créer pour eux une variété spéciale. Les figures 1 et 2 (pl. XX) qui représentent le côté interne concordent absolument avec nos échantillons de Salles.

La variété *laeviplana* Depéret à côtes larges, plates, presqu'effacées sur les bords, très couchée et bien ovalaire, mesurant 94 mm. sur 70, figurée par Brives (Carte Géol. de Algérie, Fossiles miocènes, 1897, p. 17, pl. V, fig. 2-6), n'est pas dessinée sur nos planches, mais nous en possédons cependant des spécimens d'Adiça.

Il faut distinguer encore la var. *Brocchii* Michelotti, correspondant à nos fig. 3, 3 a, 4 (pl. XX), qui mesure 93×86 mm., portant douze côtes courbes, régulières, qui vont diminuant de taille vers la région lunulaire, corselet très nettement limité; cette forme haute pourrait bien constituer une espèce distincte (Adiça), des moules identiques ont été découverts à Marvilla.

Gisements. — Exemplaires figurés: Cacella et Adiça (Tortonien).
Autres localités: Rego, Mutella part. sup., Braço de Prata, Casal das Rolas, Olivaes (Tortonien); Margueira, Xabregas, Marvilla, Poço do Bispo (Helvétien).

XXI

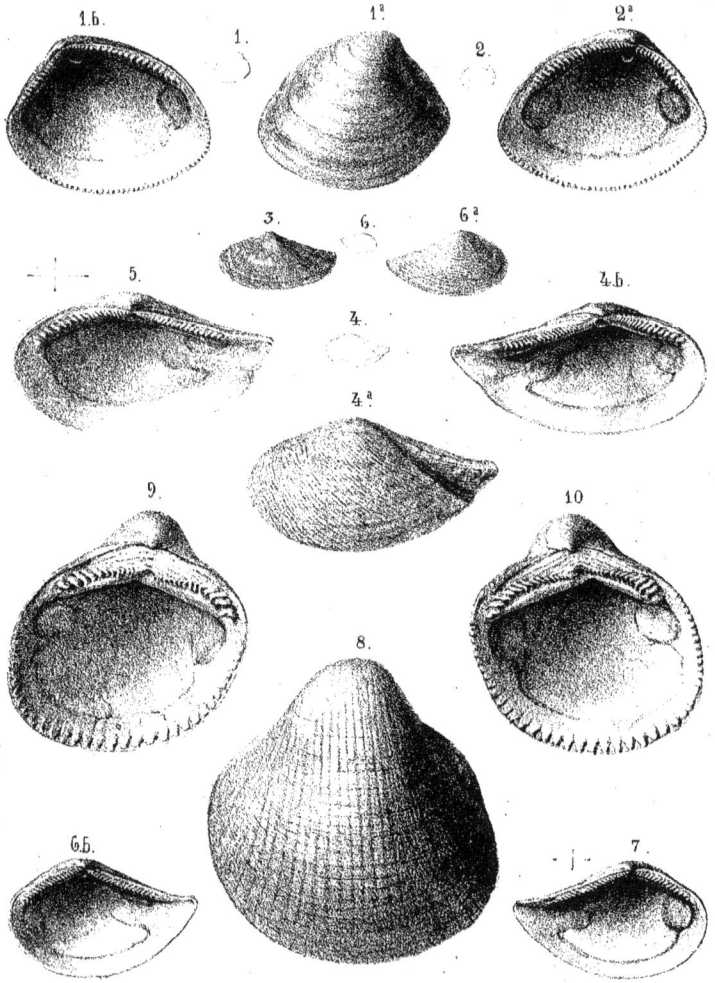

Castro Lith.

PLANCHE XXI

NUCULA NUCLEUS Linné sp. *(Arca)* var. NITIDA Sowerby

Pl. XXI, fig. 1, 1 a, 1 b, 2, 2 a

1766. *Arca nucleus*   Linné, Systema Naturae, xii, p. 1143.
1784. — — L.   Chemnitz, Conchyl. Cab., t. vii, p. 241, pl. 58, fig. 574.
1859. *Nucula nitida*   Sowerby, Illustr. Index British Shells, pl. VIII, fig. 4.
1870. — *nucleus* L.   Hoernes, Foss. Moll. Wien, ii, p. 297, pl. 38, fig. 2 a–f.
1875. — *nitida* Sow. Bellardi, Monogr. Nuculidi Piem., p. 8.
1877. — — — Seguenza, Nuculidi terziaria Ital. Merid., p. 5.
1898. — — — Sacco, I Moll. Terr. Terz., Part. xxxvi, p. 47, pl. XI, fig. 5–6.

Observations.— Cette variété est moins trigone que le type, elle est régulièrement ovalaire, son bord palléal est arrondi. Le côté lunulaire est un peu saillant et le crochet central assez fort.

Il y a lieu de prendre comme type soit les plus anciennes figures comme celles de Da Costa ou de Chemnitz, soit des photographies récentes comme celles des *Mollusques du Roussillon* (pl. 37, fig. 15 à 25), ou celles de Mr. Sacco; nos figures ne se ressemblant pas absolument et on à peine à croire que le fig. 1 a soit l'extérieur de 1 b, enfin fig. 2 a est plus ovalaire, à charnière moins couchée. Long. 8 mm., haut. 6.

Gisements.— Cacella, Adiça, Mutella (Tortonien).
Autres localités: Margueira (Helvétien).

YOLDIA ROQUETTEI D.C.G. n. sp.

Pl. XXI, fig. 3

Testa transversa, ovali, clausa, nitida, tenui, inaequilaterali; lato anteriore brevior rotundato, lato posteriore expanso, paululum angulato. Superficia convexa, striis concentricis ornata.

Observations.— Nous avons comparé nos échantillons de cette espèce avec tous les échantillons et avec toutes les figures de *Yoldia* du Néogène sans rien trouver d'identique. Notre espèce est bien plus transverse que le *Y. pellucida* Philippi, que les *Y. pellucida* M. Hoernes, *Y. pellucidaeformis* R. Hoernes.

Elle est nettement inaequilatérale et s'éloigne ainsi de *Y. longa* Bellardi et de *Y. Bronni*, qui n'en est qu'une variété suivant Sacco. Ce n'est pas non plus *Y. myalis* du Crag du Nord dont le bord palléal est très régulièrement arrondi, ni le *Nucula nitida* Nyst. C'est le *Leda glaberrima* Goldf. de l'Oligocène de l'Allemagne du Nord qui est l'espèce la plus voisine, mais la figure donnée par Speyer montre un profil très sensiblement plus plat. Long. 16 mm., haut. 8.

Gisement.—Mutella part. inf. (Helvétien).

LEDA *(Lembulus)* PELLA Linné sp. *(Arca)*

Pl. XXI, fig. 4, 4 a, 4 b, 5

1767. *Arca pella*   Linné, Systema Naturae, xii, p. 1141.
1814. — — L.   Brocchi, Conchyl. subap., ii, p. 481, pl. XI, fig. 5.
1819. *Nucula emarginata*   Lamarck, Anim. sans vert., iv, p. 60.
1826. *Lembulus Rossianus* Risso, Hist. Nat. Europ. Mérid., iv, p. 320, pl. XI, fig. 166.
1875. *Leda pella* L.   Bellardi, Monogr. Nuculidi Piem., p. 15.
1877. — — — Seguenza, Nuculidi terz. Ital. Merid., p. 11.
1894. — — — B.D.D., Moll. marins du Roussillon, ii, p. 248, pl. 37, fig. 32–35.
1898. *Lembulus pella* L. Sacco, I Moll. Terr. Terz., Part. xxvi, p. 52, pl. XI, fig. 31–33.

Observations.—Espèce bien facile à reconnaître à son double bec postérieur et aux stries obliques dont elle

52

est ornée. Elle présente d'assez nombreuses variations, car elle est plus ou moins bombée et ses strigillations sont plus ou moins obliques, plus ou moins distinctes, suivant les échantillons. Long 14 mm., haut. 7.

GISEMENTS.— Exemplaires figurés: Cacella (Tortonien).

Autres localités: Adiça, Rego, Mutella part. sup. (Tortonien); Margueira (Helvétien).

LEDA FRAGILIS CHEMNITZ sp. *(Arca)* var. DELTOIDEA RISSO

Pl. XXI, Fig. 6, 6 *a*, 6 *b*, 7

1784. *Arca fragilis*   CHEMNITZ, Conchyl. Cab., VII, p. 199, pl. 55, fig. 546.
1814.   — *minuta*   BROCCHI, Conchyl. subap., II, p. 482, pl. XI, fig. 4.
1826. *Lembulus deltoideus*   RISSO, Hist. Nat. Europ. Mérid., IV, p, 320, pl. XI, fig. 164.
1836. *Nucula striata*   PHILIPPI (*non* Lamarck), Enum. Moll. Siciliae, I, p. 64.
1844.   — *commutata*   PHILIPPI, Zeitschr. für Malacol., p. 101.
1853.   — *acuminata*   EICHWALD, Lethaea Rossica, III, p. 72, pl. IV, fig. 13–14.
1875. *Leda commutata* Phil. BELLARDI, Monogr. Nuculidi Piem., p. 17.
1891.   — *fragilis* Chem.   B.D.D., Moll. marins du Roussillon, II, p. 215, pl. 37, fig. 26–31.
1898. *Ledina fragilis* Chem. SACCO, I Moll. Terr. Terz., Part. XXVI, p. 53, pl. XI, fig. 41–43, var. *deltoidea* fig. 44.

OBSERVATIONS.—La variété *deltoidea* Risso est un peu plus transverse que le type. Long. 8 mm., haut. 4.

GISEMENTS.—Exemplaire figuré: Cacella (Tortonien).

Autres localités: Mutella part. sup. (Tortonien).

PECTUNCULUS INSUBRICUS BROCCHI

Pl. XXI, fig. 8, 9. 10

1814. *Pectunculus insubricus*   BROCCHI, Conchyl. subap., II, p. 492, pl. XI, fig. 10.
1819.   — *violacescens*   LAMARCK, Anim. sans vert., VI, p. 52.
1837.   — *cor* Lam.   DUJARDIN, Mém. Géol. Touraine, p. 58.
1882.   — *insubricus* Br.   FONTANNES, Moll. Plioc. vallée du Rhône, II, p. 175, pl. XI, fig. 3 *a*, 3 *b*.
1891.   — *violacescens* Lam. B.D.D., Moll. marins du Roussillon, II, p, 205, pl. 36, fig. 1-7.
1898. *Axinea insubrica* Br.   SACCO, I Moll. Terr. Terz., Part. XXVI, p. 33, pl. VIII, fig. 11-21.
1899. *Pectunculus insubricus* Br. UGOLINI. Il Pectunculus glycymeris *in* Bull. Malac. Ital., XX, p. 129-146.

OBSERVATIONS.—Il nous paraît aujourd'hui démontré après les études de MM. de Monterosato, Pantanelli, de Stefani, Ugolini, Sacco, etc., que l'espèce vivante de Lamarck est identique à l'espèce fossile de Brocchi crée quelques années antérieurement. C'est un coquille profonde, vaste, à charnière assez forte, oblique, ornée de rayons réguliers, bien espacés, fins, crochets bien accusés.

GISEMENTS.—Exemplaires figurés: Cacella (Tortonien).

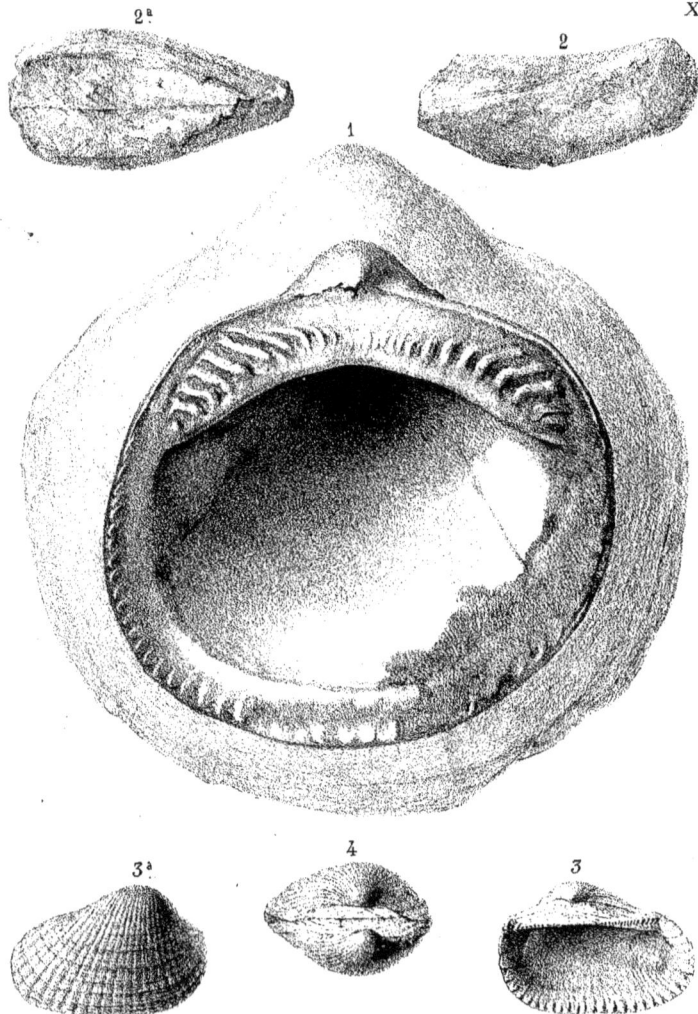

XXII

2ª

2

1

3ª

4

3

Castro Lith.

PLANCHE XXII

PECTUNCULUS BIMACULATUS Poli sp. *(Arca)*

Pl. XXII, fig. 1

1795. *Arca bimaculata*   Poli, Testacea utrius. Siciliae, ii, p. 143, pl. XXV, fig. 17–18.
1814. — *polyodonta*   Brocchi, Conchyl. subap., ii, p. 490.
1865. *Pectunculus pilosus*   Hoernes (non Linné), Foss. Moll. Wien, ii, p. 316.
1891. — *bimaculatus* Poli. B.D.D., Moll. marins du Roussillon, ii, p. 202, pl. XXXV, fig. 1–2.
1898. *Axinea bimaculata* Poli.   Sacco, I Moll. Terr. Terz, Part. xxvi, p. 28, pl. VI, fig. 7–14.

Observations.—Espèce solide qui atteint une taille très grande, 140×145, très supérieure à celle du *P. pilosus;* elle a une forme plus régulièrement circulaire, les crochets visiblement plus petits. Rayons peu apparents, très espacés, réguliers, bien plus distants que dans toutes les autres espèces; crenelures larges, surface ligamentaire vaste, empreintes musculaires surélevées, ovales. Il faut exclure la figure de Fontannes, qui ne paraît pas avoir bien compris cette espèce.

Gisements.—Exemplaire figuré : Cacella (Tortonien).
Autres localités: Adiça, Rego, Mutella part. sup., Casal das Rolas, Olivaes, Braço de Prata (Tortonien); Margueira, Mutella part. inf., Almada, Marvilla, Val-de-Chellas (Helvétien).

ARCA NOE Linné

Pl. XXII, fig. 2, 2 a

1767. *Arca Noae*   Linné, Systema Naturae, xii, p. 1140.
1819. — — L. Lamarck, Anim. sans vert., t. vi, p. 37.
1865. — — — Hoernes, Foss. Moll. Wien, ii, p. 324, pl. XLII, fig. 4 a–c.
1868. — — — Mayer, Catal. Musée Zurich, iii, p. 10 et 65.
1891. — *Noe* L. B.D.D., Moll. marins du Roussillon, ii, p. 174, pl. XXX, fig. 1–5.
1898. — — — Sacco, I Moll. Terr. Terz., part. xxvi, p. 3, pl. I, fig. 1–7.

Observations.—Les échantillons figurés étaient très mauvais. Nous n'en avons eu entre les mains que de médiocres spécimens, l'espèce paraît avoir été rare dans le Miocène de Portugal.

Gisement.—Exemplaires figurés: Azeitão (Aquitanien).

ARCA (Anomalocardia) TURONIENSIS Dujardin

Pl. XXII, fig. 3, 3 a, 4

1837. *Arca turonica*   Dujardin, Mém. Géol. Touraine, p. 57, pl. XVIII, fig. 16.
1865. — — Duj. Hoernes, Foss. Moll. Wien, ii, p. 332, pl. 44, fig. 2.
1868. — — — Mayer, Catalog. Musée Zurich, p. 15 et 69.
1881. *Anomalocardia turonica* Duj. Fontannes, Terr. Mioc. du Portugal, p. 24.
1896. *Arca turonica* Duj.   Douxami, Terr. Tert. du Dauphiné, p. 293, pl. IV, fig. 4.
1898. *Anadara turonica* Duj.   Sacco, I Moll. Terr. Terz., Part. xxvi, p. 24, pl. V, fig. 14.

Observations.—Les bonnes figures de cette espèce ne sont pas nombreuses, la forme est un peu variable, on peut grouper autour comme variétés bien des espèces comme: *A. firmata* Mayer, fondé sur des échantillons robustes plus carrés, *A. Syracusensis* Mayer, qui s'applique à des échantillons du Pliocène, *A. Darwini* Cocconi,

54

forme plus oblique. Il semble qu'il existe enfin des passages à l'*A. diluvii* Lam. et l'échantillon figuré en offre un exemple. Long. 43 mm., haut. 28.

GISEMENTS.—Exemplaire figuré: Forno do Tijolo (Burdigalien).

Autres localités: Cacella, Adiça, Rego, Mutella part. sup., Olivaes (Tortonien); Margueira, Xabregas (Helvétien); Porto Brandão, Carnide, Areeiro (ligne de ceinture) (Burdigalien); Rua da Imprensa (Lisbonne), Tunnel do Rocio (Aquitanien).

CRÉTACIQUE

Recueil de Monographies stratigraphiques sur le Système crétacique du Portugal, par Paul Choffat.
  Première étude. Contrées de Cintra, de Bellas et de Lisbonne. 4°, 68 pag., 3 pl. Lisbonne, 1885.
  Deuxième étude. Le Crétacique supérieur au Nord du Tage. 4°, 287 pag., 11 pl. Lisbonne, 1900.
Recueil d'Études paléontologiques sur la Faune crétacique du Portugal.
  Vol. I. Espèces nouvelles ou peu connues, par P. Choffat. Première série. 4°, 40 pag., 18 pl., dont 2 doubles. 1886.
  Deuxième série.—Les Ammonées du Bellasien, des Couches à Neolobites Vibrayeanus, du Turonien et du Séno-
    nien. 46 pag., 20 pl. Lisbonne, 1898.
  Troisième série.—Mollusques du Sénonien à faciès fluvio-marin. 18 pag., 2 planches.
  Quatrième série.—Espèces diverses et Table des quatre premières séries. 67 pag., 16 planches.
——Vol. II. Description des Échinides, par P. de Loriol. 122 pag., 22 pl. Lisbonne, 1887–1888.

CÉNOZOÏQUE

Molluscos fosseis:—Gasterópodes dos depósitos terciarios de Portugal (Gastéropodes des dépôts tertiaires du Portugal),
  por F. A. Pereira da Costa. 4°, 252 pag., 28 est. Lisboa, 1866–1868. (Avec traduction en français).
Mollusques tertiaires du Portugal:—Planches de Céphalopodes, Gastéropodes et Pélécypodes laissées par F. A. Pe-
  reira da Costa; accompagnées d'une Explication sommaire et d'une Esquisse géologique par G. F. Dollfus, J. C.
  Berkeley Cotter et J. P. Gomes. 4°, 120 pag., 1 tableau stratigraphique, 1 portrait et 28 pl. Lisbonne, 1903–1904.
Description des Echinodermes tertiaires du Portugal, par P. de Loriol. Accompagnée d'un Tableau stratigra-
  phique par J. C. Berkeley Cotter. 4°, 50 pag., 13 pl. Lisbonne, 1896.
Estudos geologicos:—Descripção do terreno quaternario das bacias do Tejo e Sado (Description du terrain quaternaire
  des bassins du Tage et du Sado), por Carlos Ribeiro. 4°, 164 pag., 1 carta, 1866. (Avec traduction en français).
Estudo de depositos superficiaes da bacia do Douro, por Frederico A. de Vasconcellos Pereira Cabral. 4°, 87 pag.
  3 est. Lisboa, 1881.

PRÉHISTORIQUE

Da existencia do homem em épocas remotas no valle do Tejo:—Noticia sobre os esqueletos humanos descobertos
  no Cabeço d'Arruda (Notice sur les squelettes humains découverts au Cabeço d'Arruda), por F. A. Pereira da Costa.
  4°, 40 pag., 7 est. Lisboa, 1865. (Avec traduction française en regard). Épuisé.
Da existencia do homem no nosso solo em tempos mui remotos provada pelo estudo das cavernas:—Noticia acerca das grutas da Cesareda (Notice sur les grottes de Cesaréda), por J. F. N. Delgado. 4°, 127 pag., 3 est.
  Lisboa, 1867. (Avec traduction en français). Epuisé.
Monumentos prehistoricos:—Descripção de alguns dolmens ou antas de Portugal (Description de quelques dolmens
  ou antas du Portugal), por F. A. Pereira da Costa. 4°, 97 pag., 3 est. Lisboa, 1868. (Avec traduction en français)
Descripção de alguns silex e quartzites lascados encontrados nas camadas dos terrenos terciario e quaternario das bacias do Tejo e Sado, por C. Ribeiro. 4°, 37 pag., 10 est. 1871. (Avec traduct. en français). Epuisé.
Estudos prehistoricos em Portugal:—Noticia de algumas estações e monumentos prehistoricos (Notice sur quelques
  stations et monuments préhistoriques), por Carlos Ribeiro. 2 vol. in-4°: 1.° vol. 72 pag., 21 est. Lisboa, 1878;
  2.° vol. 86 pag., 7 est. Lisboa, 1880. (Avec traduction en français).

COLONIES

Contributions à la connaissance géologique des colonies portugaises d'Afrique.
  I. Le Crétacique de Conducia, par Paul Choffat. 4°, 31 pag., 9 pl. Lisbonne, 1903.

Publications diverses

Carta geologica de Portugal, levantada por Carlos Ribeiro e J. F. N. Delgado. Escala 1/500000. Lisboa, 1876. Épuisé.
  » » » por J. F. N. Delgado e Paul Choffat. Escala 1/500000. 1899.
Communicações dos Serviços geologicos de Portugal. 8°. T. I. 344 pag., 9 est., 1885–1888. T. II, 287 pag., 20 est.,
  1889–1892. T. III. 300 pag., 22 est., 1895–1898. T. IV. 242 pag., 4 est., 1900–1901. T. V. 388 pag., 13 est., 1903–1904.
Congrès international d'Anthropologie et d'Archéologie préhistoriques:—Compte rendu de la neuvième ses-
  sion tenue à Lisbonne en 1880. 8°, 723 pag., 43 pl. Lisbonne, 1884.
Relatorio acerca da arborisação geral do paiz, por C. Ribeiro e J. F. N. Delgado. 8°, 317 pag., 1 carta. 1868. Épuisé.
Relatorio acerca da sexta reunião do Congresso internacional de anthropologia e de archeologia prehis-
  toricas verificada na cidade de Bruxellas no mez de agosto de 1872, por C. Ribeiro. 4°, 91 pag. 1873. Épuisé.
Relatorio da commissão desempenhada em Hespanha em 1878, por J. F. N. Delgado. 4°, 24 pag. Lisboa, 1879.
Relatorio e outros documentos relativos á commissão scientifica desempenhada em differentes cidades
  da Italia, Allemanha e França em 1881, por J. F. N. Delgado. 4°, 73 pag. Lisboa, 1882. Épuisé.
Relatorio acerca da quinta sessão do Congresso geologico international realisada em Londres no mez
  de setembro de 1888, por J. F. N. Delgado. 4°, 62 pag., Lisboa, 1889.
Relatorio acerca da decima sessão do Congresso internacional de anthropologia e archeologia prehisto-
  ricas, por J. F. N. Delgado. 4°, 46 pag. Lisboa, 1890.

Octobre, 1904.

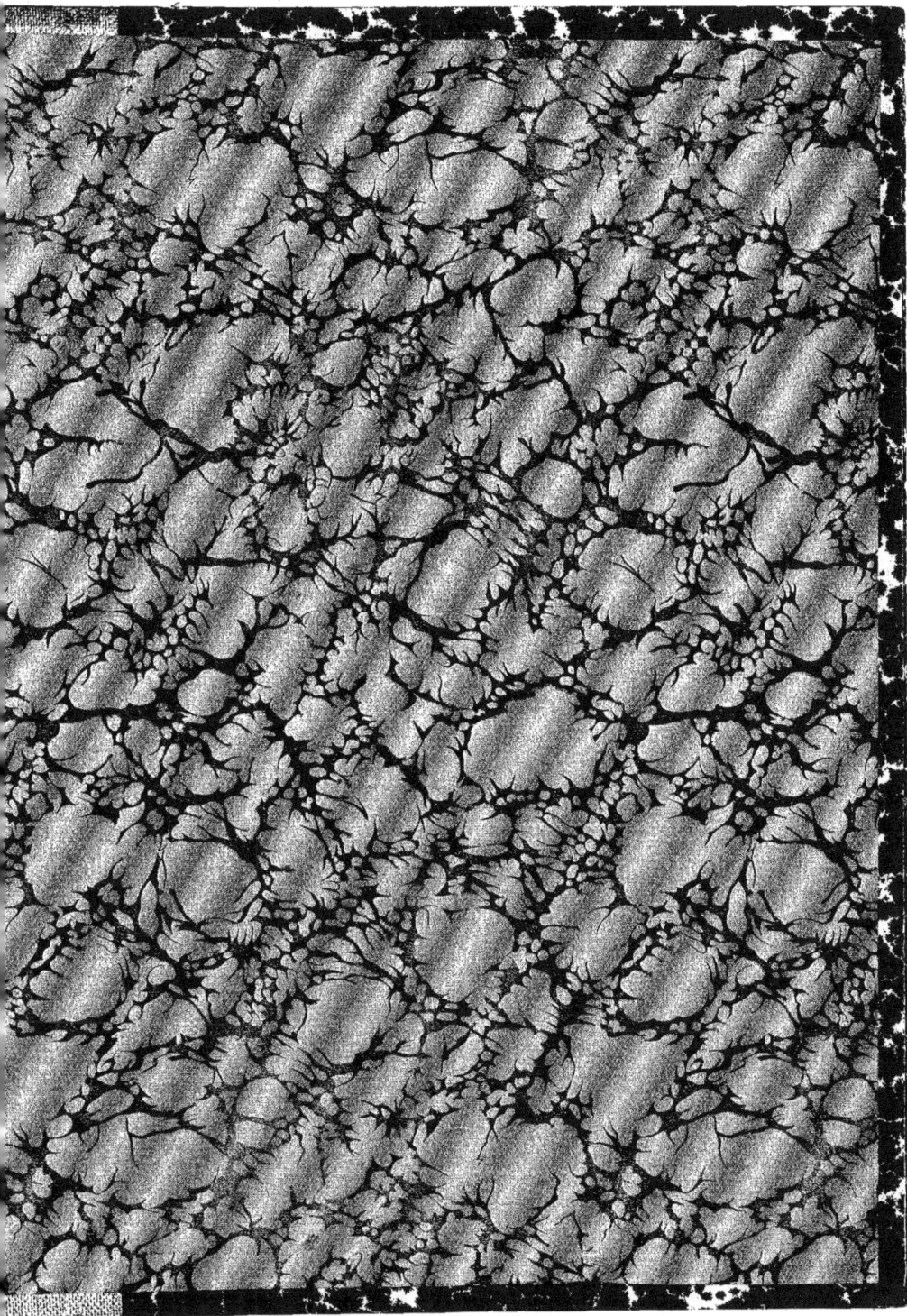

BIBLIOTHEQUE NATIONALE DE FRANCE

3 7531 01362202 7

www.ingramcontent.com/pod-product-compliance
Lightning Source LLC
Chambersburg PA
CBHW070533200326
41519CB00013B/3029